作者简介

　　郭 淼 女，黑龙江伊春人。法学博士。西北政法大学新闻传播学院副教授，硕士生导师，国家信息中心博士后流动站应用经济学方向博士后，研究方向为网络政治传播、新媒体伦理、环境传播。西北政法大学社会政策与社会舆情评价协同创新研究中心研究员。

国家级新闻学专业综合改革试点项目资助出版

郭淼◎著

"微传播"伦理失范现状及矫治研究

人民日报学术文库

人民日报出版社·北京

图书在版编目（CIP）数据

"微传播"伦理失范现状及矫治研究／郭淼著 . 一北京：人民日报出版社，2019. 6
ISBN 978－7－5115－6064－3

Ⅰ.①微… Ⅱ.①郭… Ⅲ.①互联网络—传播媒介—伦理学—研究—中国 Ⅳ.①B82－057

中国版本图书馆 CIP 数据核字（2019）第 105264 号

书　　名："微传播"伦理失范现状及矫治研究
　　　　　"WEICHUANBO" LUNLI SHIFAN XIANZHUANG JI JIAOZHI YANJIU

著　　者：郭　淼

出 版 人：刘华新
责任编辑：吴立平
封面设计：中联学林

出版发行：**人民日报**出版社
社　　址：北京金台西路 2 号
邮政编码：100733
发行热线：（010）65369509　65369846　65363528　65369512
邮购热线：（010）65369530　65363527
编辑热线：（010）65369513
网　　址：www. peopledailypress. com
经　　销：新华书店
印　　刷：三河市华东印刷有限公司

开　　本：710mm×1000mm　1/16
字　　数：146 千字
印　　张：15
版次印次：2020 年 3 月第 1 版　　2020 年 3 月第 1 次印刷

书　　号：ISBN 978－7－5115－6064－3
定　　价：95.00 元

目　录
CONTENTS

第一章

我国网络传播环境及微信兴起背景

1.1 研究背景

1.1.1 微传播时代的到来

"微传播"的概念，是伴随智能手机的更新换代，以及基于小屏手机的社交媒体微客户端的蓬勃兴起而不断发展的。在微博与微信为代表的近段时间内，"微传播时代"是一种"本土化"特色的舶来品，其中国特色的"业务范围"研究超出了通信意义上的交流。同时，微博与微信的精短特质又是古已有之的"国粹体"，与我国古代散文文化的"大宗国粹"密切相关。更重要的是，如今的"微传播时代"已经是"微民微生活"的大本营，"微传播"成为渗透到"微民"政治、经济、法律、文化、社会、学术生活的生存方式。

作为技术与汉字相结合的"微传播时代"，我们似乎可以追溯到1984年广州开通的数字寻呼台。虽然1948年美国贝尔实验室已经研制出取名为BellBoy的世界上第一台寻呼机，但是对于中国人，则是汉字BP机的出现，才让历史进程发生了根本性的转变。其核心在于：用户在第一时间知道了呼叫的内容。1990年前后，传呼台如雨后春笋般迅速覆盖全国，各台之间的竞争也日益白热化。但是，随着三年后手机的渐渐普及，传呼市场日渐萎缩。2005年以后，寻呼机淡出中国舞台，这种昙花一现是今天的"低头族"所无法想象的。但是，BP机所带来的一个与"微传播时代"息息相关的结论是：人们已经离不开即时通信工具。随后手机、MSN与QQ成为现代生活的必需品。然后，微博开始了自己的垄断大业，刷微博成了青年人的必修课，"官微"也异军突起，"网络问政"成为时尚。如今，微信的出现又与微博平分天下，迄今已有取而代之的趋势。

所以，我们说，"微传播时代"的概念，是随着即时通信工具（现在是智能手机）的更新换代而不断发展的。正因如此，"微传播时代"的特征也是在发展变化的，其概念的内涵与外延也就需要不断地界定与补充。

以手机屏幕与电脑屏幕为载体的博客无疑是软件气息浓重的"舶来品"。"微传播时代"是以微博与微信的先后出现为标志的，而这"二微"则是在博客的基础上"微小化"的结果。

博客，英文名为Blogger，其正式名称是"网络日志"。初创时期的博客是一种不定期更新、由个人操作与管理、后台可以被控制的日志网站。博客上的文章通常根据更新时间依次排列。许多博主把内容集中在特定门类的选题上，提供自己搜集的评论或新闻。另一些博主则是利用这一社交工具更新个人化的日记、杂感。一般说来，一个典型的博客应该是结合了文字、图像、相关音频视频链接的自媒体。其主要功能之一是能够让读者以互动的方式留下意见或开展讨论，这是许多博客扩散、流传、发酵的重要途径。大部分的博客以文字为主，部分博客以艺术、摄影、视频、音乐为主题。

2007 年 5 月，中国第一家具有微博色彩的社交网站"饭否网"创建，引发坊间的关注。而后是一个彼时已经拥有 4 亿多 QQ 用户的大企业腾讯，发现了用户随即发布自己状态的强烈需求，即刻决定开始尝试。于是，2007 年 8 月 13 日，"腾讯滔滔"上线。2009 年 8 月，新浪推出"新浪微博"内测版，成为第一家提供微博服务的门户网站。至此，微博正式进入中文上网主流人群视野。

随着微博在网民中呈几何级数迅速增长，在微博中诞生的各种网络热词也迅速走红网络，"微博效应"与"微博文化"正在逐渐形成。到 2009 年，"微博"这个全新的名词已经成为整个世界最流行的词汇。随之而来的是一场微博世界的人气争夺大战，大批名人被各大网站招揽，纷纷以微博为平台，在网络世界里安营扎寨、聚集粉丝。同时，新的传播工具瞬间造就了大批的草根英雄，他们从默默无闻的"草民"成长为新的话语传播者。尽管后来微博里不足140 字的琐碎记录逐渐被"长微博"或者类似的新的传播方式所取代，但是，彼时彼刻，每个人都有机会成为拥有自己粉丝的"大虾"并成为其他"大虾"的粉丝，每个人都可以与大腕明星对话、调侃，百无禁忌。这是一种史无前例的"工具革命"与"话语延伸"，与新鲜感结伴，男女老少的创造力都被迅速地激发出来并即刻登上网络大舞台，开始有声有色地表演。

微博的传播速度更快、范围更广、内容更简洁更具震撼力。在微博逐渐流行的过程中，人们发现，原来传播交流信息乃至进行情感沟通，仅仅通过百余字就可以完全实现。对于生活节奏加快、消化信息时间有限的接受者而言，这种内容直接、黏着度紧密、冲击力巨大、共鸣性极高的传播，几乎到了"须臾不可缺少"的地步。准确地说，微博的出现标志着"微时代"的到来，也推动着"微时代"大踏步前进。或曰从网络的流变过程考察，这个时代经历了一个"从加法到减法"的过程。大块文章的时代潮水般悄然退潮，有兴趣的人自然可以通过其他方式深入阅读，但草根们更需要惜字如金，在140个字之内解决问题。微博改变了媒体的形态与传播的方式，形如一条嗅觉敏锐的新闻导语，正在被越来越多的人所接纳、欣赏。

与微博相比，微信更是诞生迟而能量大。它更加精准，信息到达率更高。一般说来，最早的微信雏形来自加拿大RIM公司2010年9月开发的"黑莓手机社交平台"自带的聊天软件。2012年11月，RIM为BBM添加了一个新功能：BBM语音。该软件通过BBM可以和同样装了BBM的黑莓手机玩家聊天，不用通过运营商的短信通道，也无须花费短信费。黑莓手机在我国应用极少，故很难推广。具有历史意义的是：早在2011年1月21日，腾讯公司便推出微信的免费应用程序——通过网络快速发送语音短信、视频、图片和文字，可以群聊，仅耗费少量流量，适合大部分智能手机的服务系统。同时，微信也可以用来进行转账、支付等商务活动，使得其"业务范围"超出了通信意义上的交流。而使用通过共享流媒体内容的资料和基于位置的社交插件"摇一摇""朋友圈""公众平台""语音记事本"等服务插件，大大方便了用户的日常生活与娱乐。发展到后来，其电视节目的直播功能，几乎要颠覆传统的直播平台。搜狐公众平台报道：2016 年 9 月，微信平均日登录用户达到了 7.68 亿，比去年同期增长 35%。同时，50% 的用户每天使用微信的时长达到了 90 分钟，消息日发送总次数较上一年增长 67%。日应用音视频通话总次数 1 亿次，较前一年同期增长 180%。而微信红包的日发送总次数达到了 23.5 亿次。第 39 次《中国互联网络发展状况统计报告》显示，截至 2016 年 12 月，我国网民规模达 7.31 亿，其中手机网民为 6.95 亿，规模达到 95.1%。互联网应用正在向提升体验、贴近经济方向靠拢。"微生活"的领地与视域还在拓宽。有网友总结说，微博像农村的大喇叭，广而告之，但你不一定在家，未必听得到，而即使你在家，也许正在追韩剧，信息很快石沉大海，因此宣传效果如同散弹打鸟。而微信更像是一对一的电话营销，它跟踪的往往是自己熟悉的朋友圈，其效果类似"打狙击"，信息可以精准传达到每个人。如今，通过微信公众号，电子书的阅读研究不是问题，商家也可在微信平台上实现和特定群体的文字、图片、语音、视频的全方位沟通、互动。微信"改变世界"正在成为现实。

1.1.2 微信的异军突起

微信是腾讯公司于 2011 年 1 月 21 日推出的一个为智能终端提供即时通讯服务的免费应用程序，由张小龙所带领的腾讯广州研发中心产品团队创造了微信，支持人们跨通信运营商、跨操作系统平台通过网络快速发送需消耗少量网络流量的语音短信、视频、图片和文字，同时，也支持使用共享流媒体的资料和基于位置的"摇一摇""漂流瓶""朋友圈""公众平台""语音记事本"等服务插件。截止到 2016 年第二季度，微信已经覆盖中国 94% 以上的智能手机，月活跃用户达到 8.06 亿，用户覆盖 200 多个国家、超过 20 种语言。此外，各品牌的微信公众账号总数已经超过 800 万个，移动应用对接数量超过 85000 个，广告收入增至 36.79 亿人民币，微信支付用户则达到了 4 亿左右。微信提供公众平台、朋友圈、消息推送等功能，用户可以通过"摇一摇""搜索号码""附近的人"、扫二维码方式添加好友和关注公众平台，同时微信将内容分享给好友以及将看到的精彩内容分享到微信朋友圈。

有的报社现今的评价体系仍是原先的传统媒体时代的体系，以报纸稿为重，比如头版头条的绩效是 5000 元。但是现实情况表明，新媒体平台的影响力在日益上升，有些头版头条放在微信上，不符合微信传播规律，因此极少人去关注它。这样的评价体系和考核机制明显落后于现状，而且有的非头条文章在微信上表现不俗，传播力较强，在原有评价体系之下却无法得到激励。这样的体系对于报社员工是一种不公，该种绩效不能如实反映员工对报社的贡献，容易挫伤积极性，尤其是挫伤那些在新媒体领域大胆创新的那些人的积极性。这样一来，创新探索微信运营的行为得不到奖赏和鼓励，会导致那些在微信方面付出较多、较为出彩的记者编辑，在得不到应有的认可和激励的情况下放弃自己的努力，最终不利于报社、微信产品的整体发展。

其实，微信的异军突起主要是因为其具有私密性好的特点。比如不能查看用户的详细资料，也不能浏览访客，互不认识的非好友无法查看对方的评论等等。由于私密性好，保护好了用户隐私，用户也逐渐更喜欢微信。当然，微信的这个特点也造富了一批微商。因为有些微商卖三无产品的时候，就不允许你查看其他人的评论以及访客，这样不管产品是好还是坏，反正是坑一个算一个。但微商对微信支付以及用户的活跃，还是有很大正面作用的。再从本质上来说，微信的持续创新，才是真正异军突起的原因。微信公众号、摇一摇、扫一扫、微信红包……可以这么说，微信几乎主导了国民的生活习惯。现在中国人的生活如此便捷，在大街上，大家扫二维码付款，这不得不说是微信的功劳。

1.1.3 微传播与网络传播、大众传播关系辨析

微传播有广义与狭义之分，广义的微传播是指以微博客、手机短彩信、QQ、MSN、户外显示屏、出租车呼叫台等平台为媒介的信息传播方式。狭义的微传播是以微博客为媒介的信息传播方式。其特点主要有传播规模小、传播效果强、极化与磁化、信息门槛降低、信息有腿、传受轮动、内容与形式的关系变化等。

作为传播主体来说,大众传播中的传播主体是职业的传播者,也就是专业的从业人员,无论是记者、编辑、还是主持人一般都是受过专业训练的人员,而对于微传播的传播主体却不是如此,微博博主绝大多数都是各行各业的普通人,并未受过专业训练,更不是以此为业;信息传播的介质不同,大众传播主要是通过传统大众传媒,即是通常意义上的报纸或广播电视或电影等直接传播,而微博信息的传播直接是依靠互联网络;传播的信息容量不同,大众传播所传播的信息在篇幅上会较长,以此内容自然亦会比较丰富,或关于世界局势或是社会见闻或是娱乐信息等,但微博信息一般在140字以内,内容的丰富性较之前者稍差,但其内容也大多侧重博主自己的经历、见闻等;受众不一样,这里的不一样主要是指受众与传播者的关系而言,大众传播的受众与职业传播者绝大多数的情况下是疏远的,彼此是陌生人的关系,而微传播的受众与传播者之间可能存在某种联系,相对而言彼此对对方是有一定了解的;信息的反馈方面有所不同,传统大众传播与微传播在信息反馈上的差异自不待言,这主要是由互联网络的交互性特质所决定,这种差异自传统大众媒介进入互联网络后有所缓解,但不可能消除,这是由于大众传播的主体特性与信息制作方面差异,必然导致其信息反馈的滞后性,当然也影响到后续对反馈信息的处理;传播效果上有所差异,这种差异由前几个因素所决定,可以说是显而易见,传播者与受众的关系、信息反馈的机会和对待反馈信息的态度等都决定了传播效果上的差异。综上,已不能将微传播简单视为"大众传播的又一种重要形式"。

事实上，不少研究者自然而然地将"微传播"归于大众传播名下是有原因的，自传播学科创立以来，大众传播学研究成为传播学研究中的显学，这当然有传播学科集大成者威尔伯·施拉姆的功劳，"我们所谓大众媒介通常是指一种传播渠道里有中介的媒介，这样的中介可能是复制和发送信息符号的机器，也可能是报社或电台之类的传播机构。我们所谓人际传播渠道通常是指从人到人的传播渠道，没有中介。"按照这样一种定义，即便是"电话"属于哪种传播渠道这一问题很难答，但施拉姆通过在"朴素心理学"层面上总结了大众传播与人际传播的区别，还是倾向于得出"电话属于大众传播渠道"的结论，而"微博"这样一种通过互联网络传播的方式自然也应该属于大众传播的一种了，但上文我们就比较过大众传播与微传播的传播过程，得出与此相左的结论。

1.1.4 微传播治理的时代呼唤

随着科学技术的发展，我国网民的数量也在迅速上升，由此带来的网络中的问题也逐渐显现。面对当前网络传播中存在的各种各样的伦理失范现象，正视和分析以微信为代表的网络传播伦理失范行为的现状和产生的背景，对下一步分析原因、寻找对策至关重要。

当前中国，网民规模 7.72 亿，上市互联网企业 102 家，".cn"域名 2061 万个。接入互联网 23 年来，中国网信事业发展迅速，正从网络大国向网络强国不断迈进。作为中央网络安全和信息化领导小组组长，习近平总书记高度重视网络强国建设，党的十八大以来，习近平总书记就网络治理问题先后发表了许多重要论述，分析了互联网发展所带来的国内外格局的变化，阐明了中国由网络大国迈向网络强国的宏观思考、战略部署和方针路径，明确了在国家治理体系和治理能力中，网络治理的具体任务和要求，提出了推进全球互联网治理体系变革、世界各国共同构建网络空间命运共同体的政策主张。

2016年4月，在主持召开网络安全和信息化工作座谈会上，总书记提出十大"网络观"：综合统筹的总体安全观、网络强国的目标愿景观、一体两翼的双轮驱动观、携手应对的合作共赢观、交流互鉴的共享平台观、可管可控的网络清朗观、建章立制的依法治理观、安全保障的有序发展观、尊重互信的网络主权观、民主平等的全球治理。

微信，构建在腾讯QQ平台之上，形成的关系网络具有目前国内任何其他社交网络所无法比拟的稳定性和特殊性。基于移动互联终端，呈现跨网络、跨终端的特点使微信的传播机制、传播规律呈现出与微博等其他即时通信工具都不太相同的特点，体现出来的融"即时化""社交化"为一体的显著特征，正在传递出引爆互联网未来的发展大趋势的信号。

同时，微信作为基于网络而产生的一个新型即时通信平台，以其自身适用人群广泛、使用主体身份匿名、发布信息半私密性、点对点和点对面多样传播融合以及可以将图片文字视频音频结合为一体等特点，成为最受欢迎也最具代表性的超级App。它的迅速普及与广泛使用在带给人们娱乐交往革命性体验的同时，如同一把双刃剑，对人们的意识形态和传播行为有着积极和消极的影响。积极的一面，微信在传播的时候可以润物无声地对使用者的价值观产生向上向善的影响。如学校、企业、党政机关等申请公众号，在公众号上宣传和弘扬社会主义价值观和社会主流意识形态的文章，让组织内的成员可以及时接触到社会的新闻热点，组织内外发生的真善美的事例，其中蕴含的社会主义核心价值观所倡导的内容，会在潜移默化间不断增强接触者自身的人文素质和道德水平。但是消极的一面，是微信的传播也会带来前所未有并且难以用传统模式治理的道德伦理失范问题，这些问题已经或多或少影响了正常的网络空间秩序，并对现实空间产生深入广泛的映射和影响，所引发的负面效应也逐步开始显现，并正在引起学界和业界的高度重视。

因此，如何在新时期新形势下应对以微信为代表的网络社交工具使用中出现的网络传播伦理失范问题，成为下一阶段网络治理与发展的重要风向标。良好网络秩序的重塑需要全社会各方面力量的共同参与，合作努力、共治共享构建健康网络生态环境，从而引导、规范符合社会主义核心价值观的集娱乐、休闲、教育等功能于一体的，满足最广大人民群众物质和精神生活需求的网络社交工具。综上所述，研究 Web3.0 语境下的微信传播中的伦理失范问题不仅重要，而且很有必要。

1.2　国内外对网络传播伦理失范问题的探讨

1.2.1　国内研究现状

1）伦理失范问题的研究现状

研究网络传播伦理失范问题，首先要对伦理失范的研究进行追本溯源，才能对网络传播中的伦理失范呈现的新特点、新表现有更为全面的理解和把握。与国外学者相比，国内关于伦理失范问题的研究以传统伦理思想观念兴起为纽带，结合当前社会思想道德文化水平，主要针对在中国革命和建设的实践中逐渐形成的中国化的马克思主义伦理思想。马克思主义伦理思想也称为马克思主义道德学说，它的形成和发展，是同无产阶级的阶级斗争和共产主义运动的伟大实践密切联系在一起，也是马克思主义在道德领域同形形色色的资产阶级和小资产阶级思想斗争的产物。国内关于马克思主义伦理学的研究认为：五四运动新文化的先驱们对马克思主义道德伦理学说在国内的传播发挥了举足轻重的作用，当代中国道德体系是马克思主义伦理思想与中国革命、建设和改革的道德实践相结合，并且最终实现了马克思主义伦理思想的中国化。目前国内学者普遍认同的是我国道德建设之路出现了一些问题，突出表现在以下几个方面：一是中国优秀传统道德部分缺失，二是西方思潮涌入，多元化价值取向出现，有些人信仰缺失和迷茫，三是有些公民道德水平不够高，社会主义核心价值观淡薄。从总体上看，改革开放以来，人们生活水平大幅度提高，但生态环境、贫富差距、道德修养等问题异常严峻。有的学者提出马克思主义伦理思想需要进一步明确和普及，加强全社会的思想道德建设，激发人们形成善良的道德意愿和道德情感，培育正确的道德判断和道德责任。还有学者提出新媒体传播方式的兴起可以成为马克思主义伦理思想传播的新阵地，也更容易被新时期的年轻人所接受。新青年作为思想道德革命的生力军，只有以青少年为首要教育、传播对象，由浅入深，才能成功推动马克思主义伦理思想在网络社会占领建设的制高点。

有学者从"本体论"的视角出发，也就是从主观意识和能动性的角度，深入探究马克思主义在伦理道德中的价值体现。其中，顾智明认为人的主观价值的实现表现在道德规范上。马克思认为，人类具有主观能动性，既可以创造伦理道德规范，也有主动遵循这些伦理道德的意识。王新红则认为，马克思主义的道德伦理观体现在人的自由性上。人类历史的前提是有生命的个人的存在，因此要始终将人及其生存、发展作为其道德观的核心。还有学者认为马克思主义的伦理道德体现在人的实践性上。张之沧教授认为道德的真谛在于实践。此外也有学者提出，理解马克思主义道德观必须要从马克思伦理思想整体和文本本身的角度出发，拒绝标签化的研究倾向。上述学者对马克思主义道德观的解析角度不同，但开拓了思维，并提示我们在研究中注意避免主体意识的无限制放大，不能为了创新而忽略了整体性，不能让研究最终偏离马克思主义思想体系的框架。

2）网络伦理失范的研究现状

随着计算机网络技术的发展成熟和广泛应用，互联网用户数量与日俱增，计算机网络应用与管理中存在的道德问题也越来越多，这些道德失范的问题有些已经严重影响到了人们的日常生活，因此我国学者和专家也逐渐对计算机网络道德失范问题关注起来。相比于西方发达国家，计算机互联网技术在我国应用较晚，因此，我国对计算机网络道德伦理方面的研究较西方发达国家晚。我国对计算机伦理方面的研究由于地域和文化差异，计算机网络水平和起步时间的落后，我国与西方国家对于计算机网络伦理道德的研究方法和特点有着明显的差异，但值得重视的是：伴随着计算机技术的发展产生的计算机网络道德方面问题，国内外有着相似的地方。我国对计算机网络伦理道德方面的研究，是在借鉴国外成熟的研究成果基础上进行研究的。针对我国目前存在的网络道德问题，我国学者和专家也提出了一些规范措施和意见。出版了许多关于计算机网络道德失范方面的书籍，有探究我国目前存在的计算机网络失范问题的，也有针对我国目前网络计算机失范问题提出相关的规范意见的。虽然研究起步较晚，但研究成果斐然，其中代表性的要数由严耕等学者合著的《网络伦理》一书。此书从实现问题层面、现实和虚拟交叉层面以及道德伦理层面对计算机网络道德失范进行深入剖析。计算机网络技术的发展和应用对于人们来说有利有弊，而且利是明显大于弊的，但计算机网络对人们造成的不利影响也是不容忽视的。由赵云泽等人编著的《中国社会转型焦虑与互联网伦理》一书，从亟须建构的互联网伦理角度提出了互联网伦理的指向、道德原点与协商伦理的概念，并对赋权予民和政府角色的进退进行了探讨。《网络道德教育》是由朱银端所编撰的，该书指出现代人们的生活与自然已经严重脱节，而沉迷于网络虚拟世界中，如果人们过分依赖于计算机网络世界，那么人类将会受制于计算机的制约和控制，这也将严重影响人类社会的发展，使人们体会不到真正的现实乐趣。李伦所著的《鼠标下的德性》一书从宏观和微观的角度对计算机伦理道德进行研究，宏观方面是指计算机网络对整个社会的伦理道德影响，微观方面则是反映计算机网络对用户产生具体道德失范问题。此外互联网引发的网络伦理失范问题中，最重要的问题之一即犯罪问题也被新闻媒体频频曝光，互联网犯罪数量越来越多，也引发了社会的广泛关注，许多学者对网络犯罪行为进行了研究，例如许秀中所著的《网络与网络犯罪》一书对这些网络犯罪问题进行深入研究，分析了网络犯罪的形成原因，同时还强调对青少年要加强网络道德教育，将网络教育纳入中学思想教育范畴。因为目前青少年占网络用户总数的绝大部分，加强对青少年的网络教育也是对网络失范问题有效治理的途径。孙伟平所著的《信息时代的社会历史观》一书从历史的角度对网络伦理道德进行研究，通过探究网络发展历史进程，结合哲学伦理理论，探寻网络失范问题的根源对网络道德失范行为进行分析。同时，许多学者针对目前我国存在的网络伦理失范的主要问题，提出了解决的方法。其中，李一认为解决网络失范问题就应该从人入手，通过提升人们的道德感来约束网络失范行为，而只有这样才能从根本上控制网络失范。也有一些学者将心理学和网络失范行为结合起来进行研究，例如李玉华所著的

《网络世界与精神家园——网络心理现象透视》以及《网络行为心理学》等。

　　从社会学角度来研究网络社会的管理和创新，国内学者刘少杰的观点极具代表性。他从卡斯特关于网络社会是一种新社会形态的论断切入，实际上是受到了马克思社会形态变迁思想理论的影响。一方面他承认人们还很难对网络社会这一新社会形态产生的大量新社会现象做出符合实际的正确认识和评价。另一方面，某些机构和官员往往还在沿用以往的管理模式来开展社会治理工作，没有依据网络社会的发展变迁做出相应的调整。这些都是造成网络空间无序和失范的因素。同时，结合吉登斯提出的社会"脱域"理论，刘少杰认为在移动通信和互联网络等新媒体技术快速发展的强力支持下，越来越多的社会成员便捷地脱离社区实体空间，进入到网络虚拟空间，不仅开展频繁的"光速交流"，而且还结成了各种形式的网络共同体或者说是网络社区。他还进一步解释，经由新媒体推动的社区"脱域"，已经在社区的物理场域之上又形成了一种新的信息网络之域。那么对于这一新的场域，其治理路径只有一条：顺应网络信息化发展的时代潮流，从网格化的社会管理向网络化的社会治理转变。从而在根本上改变仅仅把社会成员作为管控对象的社会管理模式，不仅注重社会成员物质生活的需求和问题，更要注重社会成员在思想观念和价值信念方面存在的矛盾和问题，通过灵活的方式实现社会心理或精神价值上的启发与疏导，在人们的网络信息交流与实际社会交往的联系中及时发现和有效化解社会矛盾。同时，作为网民主体的职业群体，不仅以其活跃的网络社会行为成为网络化管理的主要对象，更重要的是他们会成为网络社会的治理主体，可以利用微信微博等网络渠道开展网络沟通、评价和推动。

3）微信与伦理失范的研究现状

关于微信与本身存在的传播伦理失范问题的研究，国内学者起步较晚，研究重点与国外学者略有不同。国内学者关于微信本身的研究成果比较多。这一点也是容易理解的，因为微信本身作为一款即时通信工具，是由中国运营商腾讯公司创造的，是中国本土化的创造产物。而国内学者关于伦理失范问题的研究成果则相对较少，究其原因在于：失范问题研究最早可以追溯到法国社会学家涂尔干关于社会失范的定义与研究中，在国外社会学的起步就早于国内，基础更好。中国的工业化、城市化进程相较于西方发达国家而言，还处于刚起步的初中期起步赶超阶段，各种问题的充分暴露需要一定的时间。因此，关于微信传播中的伦理失范问题的研究并没有引起国内学者的足够多的重视。在这里，我们详细阐述国内学者的研究现状。

（1）微信性质的研究

关于微信性质的研究，一般认为，微信作为一款移动端手机应用，即 App，单从性质上来说，微信究竟是一种通信工具还是一个媒体平台，学界目前还未达成统一的意见与共识。从总体研究进程来看，许多学者更倾向于认为微信的本质是一种社交媒介通信工具。谢新洲、安静在《微信的传播特征及社会影响》一文中指出："微信是以关系为核心的具有高度私密性的社会交往工具"。方兴东、石现升等也在《微信传播机制与治理问题研究》这篇文章中宣称："与微博相比较，微信完全是具有不同基因属性的产品。微博有更强烈的传播和媒体属性，而微信有更强的黏性，更好的交流体验，是一条具有私密性的沟通纽带。"结合学者的研究成果，以及腾讯公司的年度报告，可见在腾讯公司进行微信产品设计和推广的时候，综合了QQ的所有优秀性能，站在巨人的肩膀上，微信自然看得更远。从设计阶段就定位微信是针对移动端的网络社交工具。微信社交软件提供个人即时交流的平台，用户可以通过微信软件发送消息、音频和视频等。作为一款个人对个人的社交软件，其操作模式也是注重个人之间的交流和信息传播而设计的。而个人对个人的操作功能也限制了信息分享的功能设置，点对点的实时传播会在一定程度上导致微信的大众传播能力较弱。而为了弥补这一缺陷，微信及时推出了公众号功能，后来又相继开发了面对面建群、小程序等功能。学术上的相关研究与微信呈现出的光速度一般的性能更新、补丁相比，往往不能同频共振，比如对于大众传播能力的分析、点对点的传播模式的界定，都随着微信公众号等新功能的开放性平台的发展有了变革性的变化，这也从一个侧面体现出网络社会空间中新媒体传播媒介自身旺盛的生命力。更突显了我们将微信作为研究对象的重要意义。

（2）微信使用的研究

关于微信使用的研究，国内主要集中于微信营销和政务微信这两个大方面，这也是微信使用具有很大影响力的两个重要方面。可以经由检索文献数据库得到的与微信营销直接相关的文献有1970篇，与政务微信研究直接相关的文献有2563篇。具代表性观点的有《基于传播学视阈下的微信营销模式建构》，该文指出："随着微信在中国的迅速扩张，用户参与度得到提升，很多机构与企业纷纷利用微信平台进行营销活动，微信营销已成为微信这一新媒介的最受关注的焦点。"这是一篇最早将微信营销纳入传播学研究视野的文献。吴荆棘、王朝阳所著的《出版业微信营销》，微信营销相比其他营销方式成本低，方式更私密化，推销者可以与消费者直接沟通交流，微信的营销和推广是建立在朋友间的信任关系基础上，不受时间和地点的限制，营销模式方便灵活，更具有针对性。董立人、郭林涛等在《提高政务微信质量提升应急管理水平》一文中认为，作为现代化产物的微信政务提供了一条有效的社会公共管理的手段，是政府职能转变与政务方式有效创新的产物，同时微信还被认为可以有效地提升政府部门的信息传递能力和政务处理能力，同时发挥监管社会舆论的重要手段。郭德泽认为，政务微信已经成为推动社会治理创新的重要力量之一。相关研究虽然切入角度不同，但绝大多数的基本研究路径都是基于微信自身性能入手，侧重从使用者的使用行为出发，对传播效果进行分析。对原因的剖析更多是从传播环节的监管着手。

（3）微信传播特征的研究

关于微信传播特征的研究，目前相关成果较多，从传播的优势、劣势以及可能出现的问题，未来改进的方向多有著述。例如在《微信传播机制与治理问题研究》一文中认为微信传播具有三个特征：一是微信传播的准实名性。微信好友主要来源于手机通讯录和QQ好友通讯录，更多地局限于通讯录好友之间的相互的交流与互动。它的功能设计初衷是为了鼓励实名化交友，本质上具有典型的准实名制特征。不过这一点特征伴随着摇一摇、面对面建群等功能的出现，已经呈现弱化态势。二是微信传播的私密性。微信好友之间点对点发送的信息具有保密性、隐蔽性、排他性的特点。随着微信技术更新升级，在朋友圈发送的动态也可以使用分组可见等功能，其私密性有了更深一层的含义。三是大众传播能力的薄弱性。微信着眼于点对点的精准传播与定位，为此专门设计了限制信息分享的功能，这一点直接导致大众传播能力较弱。不过就如前文所述，微信公众号的出现弥补了这一弱势。《微信的传播学观照及其影响》一文认为微信传播具有五个典型特征：一是传播主体是基于亲密关系的病毒式传播，这也是社会学中的强关系的映射。二是传播对象具有"窄化"倾向的定向传播。三是传播渠道是富媒体的传播通道。四是传播内是有选择性的碎片化传播。五是传播效果是典型的人际传播的显性化传播。诸如以上的研究都基于个体对微信的使用角度而言，对于微信自身作为公众平台及其微信公众号的传播特征研究也有部分学者涉足，如在《传统报纸使用微信新媒体的现状及问题研究》一文中将微信与微博进行多方对比，总结出微信的传播特点如下：首先，个人对个人的大众传播模式，微信营销可以精准锁定目标消费群体，通过群发微信消息来推销产品也属于精准传播；另外微信还能够排除其他非目标消费群体，通过微信私发消息，更具有针对性，较少存在其他用户的干扰；其次，微信用户可以实时接收到发送的消息，在有网络的情况下，不受时间和地域的限制，同时也是即时回复和咨询；此外，微信还具有空前的扩散和传播功能，超文本链接实现后，接收到消息的微信用户可以将消息分享和发送给其他微信用户，达到迅速扩大影响力的作用。

（4）微信红利的研究

关于微信红利的研究，《社交红利》一书中独创性地提出了社交红利这一颠覆传统观念的概念，引发了学术界的广泛热议，并正式宣告了"社交红利时代"的开启。与其他传统社会领域相比，在网络社交领域同样存在着诱人的社交红利。借助于便捷化的网络媒体平台，人们通过虚拟网络社交的方式瞬间实现了跨地区、跨种族、跨文化的最大范围内的互联互通，技术的革新使得现代网络技术不仅可以传输照片、视频、文字、音频等多样化的信息。更为重要的是在全球化的大背景下，更多的机会也会相应出现，更多的逐利动机由隐变显。网络社交使得大量的信息得以实现多向、自由的流动与传播。在信息流动与传播的过程中，各种社交红利也会伴随出现。信息化、大数据的发展，使得各类数据信息可以及时得以掌握，人类从此不再被动的接收外部世界的各类信息，转而主动寻求与自身有关的各类信息资源为自己所用。大数据时代，数据就是生产力，无论是商家还是个人而言，大数据背后都隐藏着大量机会与红利，这些虚拟网络社交产生的数据信息资源被及时掌握、分析与分享，创造出更多的机会，虚拟网络社交红利由此产生。这其中尤其对微信这一特殊平台产生的红利进行了深入分析和解读。

（5）微信网络社交的研究

关于网络社交的研究，目前学者们关注的群体大多数集中于青年学生，一方面是因为这一群体是网络使用的生力军，另一方面因为年龄、学历和阅历等原因，这一群体极容易受到不良思想的影响，一旦出现伦理失范问题，社会影响和破坏力巨大。如在《网络社交环境下大学生心态探析》一文中着重强调了当今大学生的心态问题。作者认为，虚拟网络社交作为一种新式的社交交往形式，"必然会影响到当代大学生的心态问题"。与现实社会环境相比，在虚拟网络社会同他人建立联系变得越来越简单、越来越便捷，大学生可以通过同学和朋友分享好友的方式同心仪的人迅速建立起社会关系，同时，找一个想要建立关系的人也变得越来越简单。在这样的背景下，大学生的择友、交往甚至婚恋心态必然会发生相应的变化。研究还发现，虚拟网络社交不仅作用于大学生的社会交往心态，也同样作用于政治心态、经济心态与就业心态。虚拟社交网络悄然改变了年轻人的人生观、世界观与价值观。社会转型期，多元政治价值取向会长期存在，大学生就业心态随之变化。就业信息的丰富与易得、竞争形势的分析与引导，都让大学生在就业时变得现实、理性，根据自身的实际情况选择最适合自己的职业类型，不再进行盲目的职业选择。另外，在虚拟网络社交的过程中，大学生的价值观也在进行着相应的重塑，必然会导致大学生自身行为发生一定的改变，以适应虚拟网络社交的需要。综合这一方面的许多研究，最终都指向：面对大学生这一特殊群体，学校要积极面对现实虚拟网络社交交互存在的种种问题，大学应该建立积极的虚拟网络社交平台，在平台建立的整个过程中，教育者的作用不言而喻，"教育是一项良心的社会工程"。为此，教育工作者不仅要提高自身的思想道德水平，发挥自己应有的作用与价值，更要鼓励学生进行社会道德方面的实践，实现虚拟网络空间内道德规范的完善和约束力。

关于微信对大学生社交影响的研究，在《微信对大学生社交的影响》一文中一针见血地指出，"微信是一种高端的网络交流工具"。文章重点分析了微信对大学生虚拟网络社交积极与消极两方面影响，并针对存在的问题提出了具体的解决对策与方案。由于网络技术的巨大推动作用，微信已经成为年轻人必不可少的网络社交工具，其积极影响是微信社交扩大了大学生日常交际范围，实现了大学生相互之间实时虚拟的网络社交。依靠微信平台，大学生的社交内容日益丰富，他们可以通过创建讨论组或者微信群聊的方式加入自己感兴趣的虚拟社区平台或者群体中进行网络交际，丰富身心。其消极方面影响则体现在：一方面过度依赖网络，上网成瘾。大学生里许多人终日沉溺于社交网络、虚拟现实技术带来的新鲜与刺激感中无法自拔，甚至上课、吃饭、上厕所的时候也在玩微信、刷朋友圈，麻痹自我，得过且过。另一方面，大学生在微信网络社交中不可避免会涉及个人的隐私问题，通过虚拟微信公共平台传播的各类骚扰信息让信息接收者不胜其苦，传播者往往未经当事人同意就任意转发传播各类信息，这些行为都会有意或无意地侵犯当代大学生的隐私权。

综合相关研究。发现这类研究从教育学和心理学角度切入的比较多，得出的结论大体可归纳为：学校可以借助微信这一现代化的社交平台，通过公共平台向外界及时发布有关信息；学校教师也可以通过微信附带的添加好友功能，来实现与学生的实时实地的互动与交流。长此以往，才能利于大学生形成健全人格，利于他们积极主动融入现实学习和生活中，进而防范和有效治疗个别学生因为网络过度沉溺形成的轻微或中度的心理疾病。同时，相关研究也延伸到微信的摇一摇、添加陌生人等功能，提出了微信传播中可能存在的增加弱关系下的结交朋友概率，滋生危及个人生命、财产安全的隐患等问题。根据微信网络社交存在的问题，有针对性地提出了建议学校建立微信的干预与监控机制，以实现虚拟与现实的充分结合、实时共享等合理化建议。

（6）经济学与微信的研究

从经济学视角对微信展开的相关研究。与微信营销有相同之处，但又不同于微信营销从传播学角度着手这一基本的理论视角。SWOT，是经济学、管理学中最为常见的一种分析理论。在《微信，还能红多久？——以经济学 SWOT 理论分析微信》一文中，运用了SWOT 这一经济学理论对微信进行了透彻剖析，探索微信的起源、发展与演化的历史进程。在 SWOT 模型分析中，S（Strength）即微信的优势，文章分析了微信这一现代社交软件相较于其他传统社交软件，自身存在的优势。认为微信作为一种新兴的科技，实现了文字、语音、图片与视频多种信息的完美结合，尤其是增加了语音传输功能，使得传播者与接收者的语音在互联网这一虚拟的场域内瞬间实现了自由地输入与输出，而且目前用户使用这一功能是不需要额外缴费的，只是由相关运营商收取非常少的传输语音产生的GPRS 流量费用。因此，微信自应用以来便获得用户的一致好评。W（Weakness）即微信的劣势，文章分析了微信自身存在的劣势，指出微信存在着操作界面不够灵活多变，窗口界面之间的转换麻烦，语音传输功能至今尚无法做到实时传输，存在一定的间隔时差，并且微信的界面设置不够简单同样不够美观简练，这些都是微信需要继续完善的部分。O（Opportunity）即微信的机遇，文章分析了在网络急速发展条件下，现代科技在改变人类生产生活方式的同时，也潜移默化改变着人们的传统思维方式，新的网络社交形式引领着人们寻求新的社交追求与改变。微信使得人们日常社交变得更加便捷，也为实现人的自由、全面、协调、可持续发展提供了技术上的支持。T（Threat）即微信自身面临的威胁，作为微信的运营商，腾讯公司在综合了市场上多种社交软件的优点之后集成创造出了微信，一经问世便受到万千好评。作为即时通信工具，其语音传输功能在具体使用效果上与传统的移动、联通、电信运营商的电话通信功能区别并不是很大，自身优势并不十分明显，竞争与威胁都会随之而来，主要包括：资费定价、抢占用户等多个方面。建立在经济学SWOT理论模型分析的基础上，多维度、多角度地研究微信为后来的研究者拓宽了研究渠道和理论视野。

（7）微信传播中伦理问题的研究

关于微信传播中的伦理研究，目前指向明确的文章不多，多数都是蕴含在网络传播的伦理问题研究之中，比较有代表意义的是《探寻微信传播中的伦理问题》一文，研究了微信传播过程中所产生的伦理方面的问题，分析了微信有别于其他传统媒体传播工具所具有的显著特点，提出了"现在的社会伦理道德方面面临着前所未有的困境"，并分析了面临困境的原因，即社会伦理道德的缺失、个人追求价值观的日益多元化以及社会法律法规制度的不健全。在现实的社会网络生活中，还存在着利用微信社交工具进行违法犯罪等各类情况，而受害者大多数为赢弱的女性群体，微信传播的特点导致犯罪分子很容易用最小的成本迅速获得最大化的个人利益，成本收益的不平等驱使着越来越多的不法分子不惜铤而走险，最终走向违法犯罪。透过类似的研究，有一点值得我们关注：近年来由微信引发的恶性案件呈现直线上升趋势，犯罪群体呈现出年轻化、暴力化特点。年轻人追求新奇，猎奇心驱使着他们寻求更为刺激的交友体验，这也给不法分子提供了有利可寻的渗透机会，使得犯罪分子很容易深入年轻人群体中进行各类违法犯罪活动。针对微信传播中存在的伦理失范问题，大多数的研究能够按照科学理性的划分，分别从政府、社会与个体三个角度提出切实可行的操作性对策。此类研究的重点在于通过深入分析列举微信使用过程中伦理失范存在的具体问题，进一步通过失范表现来分析造成失范的原因，提出了多种解决问题的对策与建议。这也是本文在后续的研究中遵循的一条基本的研究路径，多数学者建议应该秉持着"内外结合、由外及内"的基本原则，不仅从外部的社会、政府层面着手，而且更重视个人内部自律精神的养成，实现内外结合，让体制机制的保障与主体自身道德建设共同发展，共同作用，才能进一步解决微信使用过程中产生的种种问题。

（8）微信道德的研究

关于微信道德，也有学者将其定义为微信伦理问题的研究，是基于网络技术的广泛使用而催生出，因此，很多学者从网络技术的视角来分析微信使用过程中产生的伦理失范问题，这一点也契合总书记提出的安全观，即技术的革新对于安全有序的网络环境显得尤为重要。代表性的文献如《网络道德问题研究综述》一文中，指出网络技术在给人们的生活带来便捷体验的同时，也存在很多的现实性紧迫性问题，伦理方面体现为：一是道德的意识感不强。西方思想的逐步渗入影响了传统的中国道德思潮，中国思想界西化趋势明显，无政府主义、拜金主义、自由主义盛行，带动了道德意识的变化。一些人过度强调无限的自由，带有一些空想主义的成分，直接导致人们道德意识的缺失。二是道德情感的淡薄。网络技术迅速发展，人与人之间的交流与沟通变得越来越简单，人与人之间的距离越来越近也越来越远。有些人沉溺于虚拟的网络社交而忽视了现实社交，最终导致自身的孤僻人格。现实中的人际关系逐渐疏远，话语权的缺失使得社交语言变得愈加数字化、符号化，语言失去了思想的温度，丧失了感染力与穿透力，导致人内心异化与行为物化。三是网络信息污染严重，网络主体行为过度放纵。在现代网络社交场域下，信息的传播变得越来越简单，每个人都可以成为独立媒体，随时编辑、接收信息，发布或转发各类信息。通过网络平台可以实现更大范围内的扩张，加之当前部分媒体责任意识的缺乏，使得媒体很容易受到逐利等价值观引导，一旦未经证实的信息经传播，消极影响就会被数倍放大，在各类群体间得到广泛传播，进而可能形成流言、谣言甚至群体性事件。总之，随着科学技术不断发展，网络社会特别是网络社交领域出现了很多伦理失范问题。网络道德陷入了深深的困境之中。另外还有研究认为造成大学生网络道德失范问题的原因涉及方方面面，既有自身原因，又有外部原因，既有主观原因，也有客观原因。从主观看，部分大学生个人道德意识薄弱，道德观念模糊。从客观看，网络自身相对自由与开放，主体身份匿名性使得监管部门的监管力度不够、监管难度增大，社会法制体系不健全。解决上述问题需要从主观与客观两个方面来入手。主观方面要积极引导大学生树立正确的思想观念，客观上则从外部实际条件出发，加强监管力度，发挥政府监督与管理的主体性作用。

同时，也有一些研究直接指向网络传播伦理失范的具体问题和表现，并对其进行剖析，比如在《论网络社会交往中的个人诚信缺失现象及其治理》一文中，提出了虚拟网络空间的重要性并指出虚拟网络空间最大的特点在于其自由性。正是自由性的广泛存在，才导致虚拟网络社会交往中大量不诚信的异化行为。虚拟网络社会交往已经成为社会诚信问题的"重灾区"，必须引起我们足够重视。不诚信表现在：身份造假、侵犯他人隐私、侵犯他人知识产权以及传播网络虚假信息等。为此，从虚拟网络系统角度与社会环境角度分析原因，并从外部与内部两方面就虚拟网络不诚信行为提出见解：认为既要加强个人的道德教育，以此提高个人的思想道德素养，又要建立健全中国特色社会主义法律法规体系，保障各项工作顺利进行。

很多学者对于网络空间中的道德体系重建进行了思考，提出了一些具体的理念和建议。如在《关于构建网络道德规范的思考》一文中，提出了几种主要的虚拟网络空间应遵循的道德规范，具体为：避免伤害他人，尊重知识产权，尊重他人隐私，诚实守信，谨慎，并分别做出了详细的解释与介绍。在《大学生网络伦理危机现状与教育模式分析》一文中，通过社会学领域的问卷调查法进行了实证方面的定量研究，调查问卷的样本容量为 1200 人，通过相关变量的分析，最后得出实证结论：性别变量是影响大学生网络社交的最重要的变量。男性与女性受虚拟网络社交的影响程度是不一样的。具体而言，男性与女性在网络依赖程度、对待网络色情信息的态度、对虚拟网络侵权的态度、对虚拟网络炒作的态度、虚拟网络信任度以及虚拟网络对价值观的影响这五个方面存在比较大的差异。作者提出三方面的解决方法：一是提高大学生对虚拟网络空间的伦理教育重要性的认识。由于大学生网络伦理道德教育的缺失，就容易导致网络伦理失范现象的产生，这种虚拟网络伦理失范也会不自觉地延伸到现实的伦理失范中。由此可见，加强虚拟网络伦理教育十分重要与必要。各高校普遍存在针对传统道德教育"走走形式"的弊端，那么适应计算机网络社交就更加需要研究新的网络伦理教育的形式与方法。二是要多渠道丰富高校虚拟网络伦理教育的内容。强化大学生的虚拟网络道德意识教育，充分挖掘大学生自身具备的各项优良素质，引导大学生通过自身道德修养的提高将现实中的传统道德约束内化到虚拟网络社会交往场域中。强化大学生的虚拟网络价值观教育力度。学校要更加关心大学生的业余生活，有针对性地定期开展心理方面的辅导与培训力度。强化大学生的虚拟网络法制教育。借鉴发达国家立法方面的有益经验，教育大学生群体树立正确的法制观念。多方拓展高校虚拟网络伦理教育的新路径，比如定期举办学术论坛、座谈会、会议讨论以及高科技的方式来实现高校网络伦理教育多元化的发展。

4）伦理失范治理路径的研究

关于探析伦理失范现象的治理路径的研究。有学者以青年学生这一群体为研究对象，充分肯定了青年人具有一定的道德选择能力。在面临是与非的选择面前，他们有能力根据自己的需要做出对自己最为有利的理性的选择，但是必须意识到青年学生的选择能力存在四个问题：第一，道德认知模糊，不确定性明显，必然影响制约着他们的道德选择能力的提升与完善。第二，道德评价标准渐变，一些道德评价标准自身相互矛盾，评价标准经常相互打架。价值多元化的虚拟网络社会中，原来的伦理道德规范体系就需要不断地更新以适应现代社会发展的需要。第三，社会参与度低，参与公共生活的意志薄弱，社会卷入度低。第四，教育教学方法方面也存在着一系列的问题。类似的研究从伦理学角度切入，认为关于伦理失范问题治理与伦理学的教学离不开现实情境的再现、角色的模拟以及道德标准的探讨。因此，提升青年群体特别是青年学生的道德选择能力必须要从道德问题激发、道德价值澄清、道德规则引导以及情景模拟教学法这四条选择路径入手。

1.2.2 国外研究现状

1）国外计算机伦理的研究

欧洲、美洲等发达国家的电子信息技术起步，电子产品出现和广泛使用较先于我国，因此国外对于网络伦理方面的研究较早，大量国外文献表明，在网络伦理方面的研究，国外学者的视角主要集中在信息伦理学方面，它是信息伦理和网络伦理学的综合，是将两者融合起来进行研究的。由于计算机信息技术起源于国外，其在国外较国内发展成熟，因此研究成果也较国内成熟，但也正是因为起步较早，当时互联网技术发展还不太成熟，属于初级阶段，互联网产生的问题表现得也不是特别突出，所以国外的网络伦理研究集中体现在计算机伦理层面上。早在20世纪40年代计算机技术刚出现阶段，国外就开始关注计算机互联网引发的道德问题，"网络伦理"一词也因此出现，受到广泛关注。最早提出计算机伦理的是当时著名工程专家维纳先生，他首次提出计算机伦理对计算机技术的发展和人们的计算机行为有着积极和消极的影响，树立正确的计算机伦理道德观对计算机技术的发展和应用有着积极作用，相反将会制约其发展，甚至影响社会的稳定和有序发展。而这一时期人们认识到了计算机伦理的重要意义，但直到70年代，计算机伦理才逐渐发展为一门有别于其他学科的计算机伦理学，其首次被著名的哲学家沃尔特·马内尔提出。虽然计算机伦理学在70年代就已经被提出来了，但受到计算机技术发展的影响，自从提出后对其研究并不多，直到80年代计算机伦理学的研究才开始变成许多学者争相研究的热点。这也得益于计算机技术的发展。美国在计算机伦理方面的研究率先取得骄人成果。美国学者杰姆斯·摩尔首先对计算机伦理学概念展开论述，写了《什么是计算机伦理学》一书，因"计算机伦理学"一词新颖，很快受到大家的关注。紧接着，著名学者贝奈姆也发表了《计算机与伦理学》一文，刊登在美国著名哲学杂志上。随着这两篇学术文章的发表，计算机伦理学引起美国人广泛关注，美国当时产生了一股计算机伦理学研究热。20世纪90年代，计算机技术发展日趋成熟，计算机技术应用领域也越来越广泛，同时计算机互联网技术快速发展，受到世界范围内的广泛使用。而随着计算机互联网技术的广泛应用，计算机互联网引发的道德问题也明显增多，国外许多学者对计算机互联网引发的道德问题开始高度关注，对计算机互联网伦理道德问题进行深入研究，许多著作也在这个时期问世。例如大卫·欧曼所著的《计算机、伦理与社会》，对计算机、伦理道德和社会文化三者的联系和互相影响机制进行对比分析；再如戴博拉·约翰逊著作的《计算机伦理学》，从学科角度对计算机伦理学进行深入剖析和解读；还有理查德·斯皮内洛著作的《世纪道德：信息技术的伦理方面》对社会道德与计算机伦理进行研究；同一时期还有，罗伊等著作的《信息系统的伦理问题》对计算机信息技术引发的伦理道德问题进行探究。这些著作反映出了互联网伦理是计算机信息化进程中不可忽视的问题，同时也将网络伦理道德的研究推向了高潮。随着计算机互联网伦理学的研究如火如荼，美国政府还专门组织成立一些计算机伦理研究机构和协会，为计算机伦理方面的研究起到了积极的促进作用。为规范计算机互联网使用行为，加强对计算机互联网的管理效用，美国于1992年10月推出了计算机伦理规范。之后美国又制定了"计算机伦理十规定"，对计算机互联网行为进一步规范和制约，这十条规定也受到其他国家的赞誉，被其他国家广泛采用。随着计算机互联网技术的应用越来越广泛和用户数量越来越多，互联网所引发的道德问题也越来越多。基于计算机网络层面的伦理道德研究已经很难适用现在的互联网社会，基于科技和信息层面的伦理道德研究开始出现。由于地域和文化的差异以及计算机技术水平的差异，我国对计算机网络伦理的研究在一定程度上可以借鉴国外的成熟的研究成果，但不能照抄照搬。对计算机道德和伦理方面的研究主要通过分析具体的网络道德失范的案例，国外学者结合道德理论知识，对计算机网络伦理进行研究。这个开启了网络道德哲学的发展，使其进入了一个新阶段。

2）网络社交中伦理问题的研究

美国著名的学者麦金泰尔最早对道德伦理进行了研究。在其代表作《德性之后》一书中认为："德性是一种获得性的品质，这种德性的拥有和践行使我们能够获得实践的内在利益，而缺乏这种德性，就无从获得这些利益。"从麦金泰尔的上述内容，我们可以解读出三点基本信息：第一，关于德性的定义。人们可以从外部条件中获得的一种品质，这种品质是人类所特有的，并且不是人类的天赋品质，不是天生就具有的，也只能从外部获取到。第二，德性获得的条件与目的。人们可以通过长期的社会实践获得内在利益，人类拥有获得德性的天然能力，拥有依靠德性来拥有实践内在利益的基本能力，人类能够创造各种条件来实践这种德性。第三，从反面来进行论证，从而逆向说明德性所具有的显性功能与具体作用。

沿着麦金泰尔的研究路径，加拿大的著名学者马修·弗雷泽在其著作《社交网络改变世界》一书中首次引入了社交网络的概念，详细介绍了社交网络在人们日常交往生活中的重要功能作用，并就网络使用过程中产生的伦理问题进行了阐述。首先，马修·弗雷泽认为社交网络扩大了人们日常交际范围，丰富了人们的日常交际形式，活跃了人们的交际实践，使得交际个体不仅扮演现实生活中的重要角色，也扮演虚拟网络社会生活中的双重角色，网民个体的身份变得愈加多样化、异质化，"虚拟世界中呈现出了多个自我"。其次，虚拟世界由于自身所特有的匿名性、自由性、开放性等独特特点，使得人们可以在虚拟世界中呈现出多个不同的自我面。网络社会的互动联系也在悄然发生着变化，体现在个人与社会互动的多重关系之中。正是这种自我面的不同呈现以及互动关系的多重构建使得虚拟社交网络极易成为伦理失范"病发的温床"。众所周知，传统社会相对封闭，人与人之间的交往相对直接具体，与外界交往频率相对低。因此，传统社会的联系是以小范围强联系为基础，这种强联系具体体现为个人与个人之间日常联系比较频繁，而个人与社会的联系则相对弱化。个人与社会的关系一直以来也是社会学研究的基本问题，个人存在于社会之中，个人是社会存在的基础，与此同时，个人离不开社会，社会也离不开具体的个人，两者相互统一于社会整体之中。但是，现实中的网络社会交往改变了每一个社会成员个体，在虚拟的网络世界中，因为真实身份的匿名性和现实身体的缺场性，个人在网络社会的角色悄然改变，这种社会形态和交往方式的变革伴生的是与传统道德规范约束的背离，即在新型的网络社会交往中，传统的伦理道德约束不再发挥其作用，而新的符合网络社会交往准则和网民内心需求的道德约束体系短时间内没有建立起来，因此埋下了道德失范的隐患。不可否认的是，这种改变伴随工业化、现代化、城市化进程而来，生活节奏的加快打破了传统社会小范围、封闭式的人际交往模式，在场空间现实社会交往联系变得越来越弱，出现了由强联系向弱联系转变的明显趋势。另外，社交联系是衡量社会话语权的重要标志之一，社交网络的改变不可避免会带来社会权力的重新分布与网络话语权的再分配下的不平等。这种不平等极易造成心理上的扭曲引致伦理失范现象的发生。基于网络平台发展起来的社交通讯平台的包容性更强，人们的自由意识不断发展，公民意识进一步觉醒，越来越注重自身权利的争取与维护。于是传统社会的权力进一步分化，集中的权力变得相对分散化。社会权力进一步下移，整个世界朝着民主化方向发展演化。与此同时，包容性的增强意味着约束的减弱，有效约束的缺失使得虚拟网络极易成为伦理失范现象滋生的场域。

网络社会作为人类社会体系不可或缺的一部分，其涉及的失范问题研究追本溯源，必然从社会失范问题研究谈起。国外研究始于社会学学者涂尔干和罗伯特 K. 默顿对社会失范的关注。涂尔干在其代表作《社会分工论》中从社会分工的起源来探究道德失范问题。他指出社会分工的大背景下，急剧变迁的社会容易导致人们欲望膨胀，进而出现行为偏差，使社会秩序陷入混乱状态。从道德领域来看，社会陷入失范状态是因为维系社会纽带的具有道德特征的集体意识受到了严重的削弱。他还提出，道德规范来源于社会生活，因此失范也在社会中产生。随着社会结构的变迁，与这种社会类型相适应的道德体系逐渐丧失了原有的影响力，在新的道德规范还没有确立起来的时候，传统道德的失势，现实中人们信仰的动摇必然导致混乱无序的失范状态。因此，涂尔干提出要以"道德个人主义"为价值取向，构建起一个崭新的职业团体与公民国家为基本要素的道德结构。从而形成新型社会形态的有机团结与机械团结的科学配置，并且应该在确立社会有效分工的前提下，成立能够让人们产生团结意识的社会组织，建立起一个新型的更稳定更和谐的社会。

美国著名社会学家默顿从社会结构角度探究了社会人群失范行为，试图从社会文化寻找行为失范的原因。默顿认为理想型的社会中，社会群体中每个成员都会按照符合总体社会价值的方法取得目标。当社会所推崇的目标和社会价值取向出现脱节和冲突，失范才会产生。所以在默顿看来，失范是文化结构的瓦解。在文化目标与制度化手段的关系上，默顿把失范具体化，并用五种个人适应的类型呈现。即遵从、创新、意识主义、退却主义和反抗，用这五种类型来说明社会普遍存在的失范现象。同时，他创新性地提出：失范不都是病态的表现，相反有时候失范是一种正常现象，甚至可以推动社会的进步。由此可见，涂尔干与默顿在界定失范概念和功能上，存在不小的差异，因为涂尔干认为失范是一种反社会的病态行为，个人失范行为会危害到社会的存在，不利于人们团结和社会稳定。而默顿则认为，有些失范行为不受法律的制约，而受到道德层面的影响，可以推动社会进步和社会的发展，是社会实现资源合理配置和结构重组的有效力量。上述所说的失范行为受社会的影响，也是社会规范和管理不合理或者滞后的直接表现。这些失范行为所引发的种种社会矛盾和冲突遵循着社会的发展规律。

从学术伦理的角度来看，国外研究明显早于国内，研究内容也比较广泛。综合来看，国外有计算机伦理学、信息伦理学以及网络伦理学等伦理学的具体分支学科。国外学者对伦理学进行的研究主要有两大方面：一是理论方面；二是实践方面。有关伦理学理论方面的研究，国外学者提出了若干理论概念，如美国著名访问学者曼纳就曾正式提出并界定了计算机伦理学的概念。还有如罗伯森和贝奈姆提出了信息伦理学这一概念。乌克兰学者高尼亚科与卡普罗则在自己的学术研究领域分别提出并主张网络伦理学的研究追求取向。此外，国外的网络伦理学研究成果呈现出多元化趋势，不仅包括学术文献，还涵盖了各类的学术期刊以及专业学术会议。在国际知名领域，认可度较高、比较专业的学术期刊主要有荷兰的伦理与信息技术学刊以及全球性的哲学与技术学会季刊等。专业的会议则包括联合国教科文组织的信息伦理学会议等。

综上所述，国外伦理学的研究热点主要包括以下四个方面，具体为：第一，隐私权问题。与国内学者相比，国外学者接触到隐私权这一概念的时间要早得多，因此，研究成果更加丰硕、多样。目前国内外学者对隐私权还没有形成一个统一的定义与共识，隐私权定位仍然不清晰，隐私权是天赋的还是后天赋予的至今还存在着学术性的争论。实际上，隐私权直接或间接涉及虚拟网络生活中的方方面面，一般的企业雇佣关系、市场供需关系以及日常的生产生活关系都直接或间接地涉及隐私权的问题。闹得沸沸扬扬的美国"斯诺登事件"，监听丑闻背后折射的网络传播伦理扭曲成为拷问网络伦理道德问题最现实的一面镜子。第二，基于网络平台发展的电子商务在交易过程中引发的伦理失范问题。由于网络技术的日新月异，以亚马逊、淘宝、京东、当当等为代表的电子商务已经引领了人们新的购物时尚与生活方式。它在给人们带来别样购物体验的同时，也引发了新的网络伦理道德争论。在电子商务的大环境下，受利益驱使，虚拟网络用户个人的信息存在着被泄露的巨大现实风险。在虚拟的网络社会中，从大数据角度来分析，上网用户个人基本信息，家庭住址信息、通讯录信息及其他附带隐私信息都存在被不法分子窃取谋利的可能性，进而引发巨大的网络传播伦理失范问题。第三，虚拟网络族群的伦理问题。现实社会中人们因为交往的心理需要，基于共同的群体文化，产生了各种各样的社会群体或社会亚群体。虚拟网络社会同样存在，并且因为身份的匿名性和真实身体的缺场，呈现群体细分、跨地域和时空限制等特点。现实社会生活中的社会群体进行社会交往基于长期以来形成的一定的规范或准则，以此来约束群体中每个社会成员的日常行为与言论，保证整个社会的良性运行与协调发展。在虚拟的网络社会中，同样需要类似的网络规范或准则来约束虚拟网络社会成员的具体网上行为。在虚拟网络社会群体中，如何制定道德规范并能形成网民共识，以此来要求参与个体成员，按照规范要求自身行为显得尤为重要而迫切。第四，虚拟网络在线教育的伦理问题。与其他传统社交媒体相比，虚拟网络社交媒体最大的优势在于其巨大的包容性、接纳性。在虚拟网络社会交往中，不同文化、不同种族、不同价值观、不同人种的个体同处在一个"地球村"之中，他们被认同、被接纳，彼此交往、彼此了解。那么，如何对不同文化背景以及不同价值观的社会群体成员进行通识性教育，特别是站在人类文明知识保存与传播的高度来看，网络社会中怎样实现人类文明不被扭曲、歪解，在正确解读、科学认知的基础上得以保存和传播也成为虚拟网络社会伦理道德失范研究的热点、难点问题。

1.2.3　关于微信传播伦理问题研究的简要评述

上文所述国内外关于微信传播伦理失范相关的研究，总体来看主要涵盖了两个重要方面。一方面是对于以微信为代表的网络传播工具本身的研究，这方面主要涉及微信这一即时通信工具的概念、性质、功能与其本身所产生的积极与消极影响。还包括技术的发展与革新以及由此产生的相关研究。另一方面则集中于伴随着各类网络传播工具的使用所带来的道德伦理失范问题的研究，重点在于对伦理失范问题的类型归纳，表现特征和背后原因进行分析，从伦理学、社会学、传播学、教育学等多学科、多角度提出了解决传播中出现的伦理失范问题的对策与建议。国内外关于上述两个方面即从网络传播工具的使用方面和从网络传播工具使用所引发的伦理失范问题进行研究方面成果斐然。综合来看，目前将两者结合起来聚焦在一个事物本体进行全方位深入剖析的研究相对较少，从微信视角下研究网络传播伦理失范现象的更是少数。有一部分的类似研究，但主要从具体的失范现象和行为入手去分析原因，全面性略微不足。综上所述，本文将在微信视角下研究网络传播伦理失范的具体表现，剖析原因并提出相关对策。

国内外已有的研究从理论方面着手的较多，理论与实证结合的研究主要集中在传播学领域和社会学领域的个别学者,目前还不是研究的主流研究路径与方法。主要困难在于实证研究需要做大量的问卷调查和数据分析,所耗费的人力物力较多,研究难度较大。但是理论与实证结合的研究会得到更加真实准确的数据,其分析结果也更具有可信性和参照意义。因此本文在总结前人研究成果的基础上,通过问题导向进行问卷设计,开展实证研究,借助调查问卷这一定量分析工具,测量出微信使用现状及对使用对象所产生的影响。让数据的说服力更具支撑性和可信度,描述的使用过程更为形象、具体。通过问卷发放与回收、数据分析环节,为网络传播伦理失范治理提供详实有效的数据支撑,提出的对策与建议针对性也会更强。微信视角下的网络传播伦理失范问题,涉及了社会学、经济学、心理学、法学等多学科的内容,应通过不同学科的理论对话,避免顾此失彼的现象,也符合跨学科学术研究的需要,更是通过对微信全方位多维度的解读,为相关领域的后续研究提供有参考价值的研究结论。

第二章

核心概念及理论概述

2.1 核心概念

本节将对微传播、失范问题以及网络传播伦理进行概念的廓清，对研究所涉及的相关概念内涵和外延进行明确界定，便于后续对研究方向和研究重点的把握。

2.1.1 微传播

互联网发源于 20 世纪 60 年代末的第三次科技革命，至今已有半个多世纪的发展历史，其自身发展也先后经历了以技术为主导的 web1.0 时代和以用户为主导的 web2.0 时代，当前正处于以交互设计为主体的移动互通互联的 web3.0 时代。在此背景下，微信将"即时化、社交化"两特征结合，成为这一时期最重要的具有典型意义的虚拟网络即时通信软件应用。

微信（WeChat）是腾讯公司于 2011 年 1 月 21 日推出的一个为智能终端提供即时通信服务的免费应用程序。由张小龙所带领的腾讯广州研发中心产品团队打造。腾讯公司总裁马化腾在产品策划的邮件中确定了这款产品的名称叫作"微信"。自诞生之初即支持跨通信运营商、跨操作系统平台，通过网络快速发送需消耗少量网络流量的语音短信、视频、图片和文字，同时，也支持使用共享流媒体的资料和基于位置的"摇一摇""漂流瓶""朋友圈""公众平台""语音记事本"等功能服务。

根据微信官方统计的数据显示，在 6 年时间里，微信以井喷式的速度迅速积累起了 9 亿多忠实用户，其自身的公众号数量超过了 600 万，日均增长 2 万，成为亚洲地区拥有最大用户的网络社交软件。从另一个角度来看，微信操作所支持多平台共享，兼容众多的操作系统，可以即时发送信息、音频、视频和图片，其自身配备有多种服务插件，用户只需消耗少量的网络数据流量或者在 WiFi 环境下便可实现跨平台多媒体信息传递，这些也给未来可能成为竞争对手的即时通信软件提出了更高的要求。上述特点也使得微信成为研究网络传播的重要对象之一，更因为其用户群体庞大、自身性能卓越成为研究网络传播伦理问题不能忽视的重要对象，因此，在本文的研究中，微信作为网络即时通信工具的面孔出现，但更侧重于微信的使用过程中其传播特性和使用者的使用动机与传播行为。

2.1.2　传播伦理

网络传播伦理失范是本文的核心所在。主要由网络传播伦理和失范两个维度组成。由于网络伦理关照的主体是使用网络的亿万网民，这与现实生活中的伦理行为主体即社会中的"人"是一致的。那么，网络传播伦理就是网民在网络传播语境下遵循的道德规范和标准的集合，但是，网络的特殊环境与现实环境多有不同，这也导致网络伦理与现实伦理有着许多不同之处，所以现实社会的道德规范体系不能照搬到网络社会中来，要有新的具体的能够被大多数人认同并且遵循的网络传播伦理规范体系建立起来。但是，值得注意的是归根到底，无论网络社会还是现实社会，都是伦理行为主体——"人"的伦理。

网络传播伦理的源头是网络交流的需要。网络是科学技术不断发展，取得成果施惠于民的具体体现，最初是作为一种工具被应用的。但随着技术的完善和发展，它进入人类生活的方方面面，直接或间接地影响每一个人的日常生活，人们对它的依赖越来越深。网络对人的影响一点也不亚于人对网络的影响，网络不仅是工具，也成了人的生存方式和生活环境。在网络化条件下生存的人们，网络交流与现实交流有明显的区别，其中重要的一点是网络交往把人们带到了虚拟的空间。在现实生活中，人们主要是依靠面对面的可感可触可见的交流方式，而网络传播仿佛在人与人的交往中增加了一道帷幕，其虚拟性和匿名性使人与人的网络交往中具有神秘的色彩。这就使交往或多或少地非人性化，随之出现在传统交往中很难遇到的问题，如漠视对方、责任淡化、无意识侵权等。一些人在现实生活中受到法律法规和道德规范的要求，其言行并无偏差。而在网络匿名传播的环境下，违法违规成本降低，追惩难度加大，他们尽显人性中阴暗的一面，从事各种不健康的传播活动。正因为人们认同网络与现实的这种差异，所以决定了人们在网络活动中表现出不同的道德选择和道德态度。于是，一种新型的伦理——网络传播伦理便呼之欲出了。

网络传播伦理尽管是一种新出现的社会道德伦理，但是它也是传统伦理的继承和发展。网络传播伦理成了网络传播领域的行为规范和价值观，一方面说明传统的伦理道德在网络领域的适用，但同时要正视，它与现实社会还是有差别的。如上所述，传统道德是其基础，并为其提供了参照。但是，网络社会毕竟与现实社会有很大的不同，建立一个与现实世界的道德观念不同的、适用于网络空间的道德体系是必要的。

对网络传播伦理的研究进行梳理：

1）网络传播伦理的国外研究成果。国外学者在论述新媒体传播中涉及的伦理失范行为时，有学者采用了认知心理学和社会认知学来阐述公民记者在发布新闻过程中的一些有意识、无意识行为，如为求增加事件的吸引力，添油加醋造成了新闻失实、失真的不良后果。

加利福尼亚大学学者 Aaron Quinn 指出，新媒体时代，记者专有的信息采集与发布权下放于另一新兴群体"公民记者"，twitter 上发布的信息之快已迅速超越 CNN 等传统媒体，然而不可避免的结果随之而至，信息收集者并未经过新闻业务培训，其发布内容的真实性、准确性、客观性、完整性有待商榷，类似于记者的公民记者缺乏新闻工作者的职业素养，因此怀疑公民记者在信息发布中出现有违于常理的做法也是不为过的。

有的研究把我国传播伦理作为关注点，以媒体从业者为研究对象，对比中美新闻界，列出了美国新闻界的职业新闻记者协会对于记者的伦理要求：禁止剽窃、禁止图片失实、禁止制造事件、禁止鬼祟获得新闻源、拒绝红包、避免利益冲突等。有些中国记者之所以缺乏必要的新闻职业伦理道德主要是因为在转型期的中国社会，没有一套牢固的能使中国媒体人遵守的规则。有些中国媒体人自身行为准则的缺乏，在某种程度上影响了中国媒介的传播伦理积极、正常发展。由于技术的日新月异，媒体的融合使得信息的传播十分迅速，记者在使用网上公认为可靠的信息时，是否触碰了公民的隐私进而违背了伦理道德，自身都持模棱两可的态度，更遑论未经专业训练的公民记者的传播行为。

2）网络传播伦理研究在国内的发展。从 2008 年我国汶川地震后，媒介该如何报道灾难新闻，新闻的坚守与道义的坚守孰先孰后的争论就引起了社会的舆论大潮，那一年也正是我国社会舆情活跃的一年，无论是暴风雪还是奥运会，都引起群众的议论热情。新闻报道的伦理性与网络对于新闻事件的解读同样涉及信息传播中的伦理道德问题，也是在 2008 年，有不少学者专门针对该事件撰文，探讨了我国媒介伦理问题。

新闻媒体失范行为主要指的是虚假报道、有偿新闻、不良广告以及新闻炒作等明显有违当前新闻伦理与职业道德典范的行为，对其惩治与防范可以在既有典范的框架内进行。有学者从历史发展脉络来梳理从 1979 年至今我国新闻职业道德的学界研究过程，大致分为 4 个阶段，主要的研究内容和视角有：新闻失实与新闻职业道德关系研究；"有偿新闻"与新闻职业道德关系研究；新闻炒作、新闻媚俗与新闻职业道德关系研究；典型案例与新闻职业道德研究；新闻专业主义与新闻职业道德关系研究；新闻职业道德与新闻法律研究；新闻职业道德建设措施研究；网络媒体职业建设研究。

而关于新媒体的传播伦理研究，最初是从使用微博而具有传统媒体记者身份的人群出发，认为微博上出现的记者可分为使用媒体官方微博的记者和开通个人微博的记者两类。后者在记者的职业身份上造成了一定的混乱，并引发了关于新闻伦理的困惑与争议。记者使用微博发布新闻信息存在多个新闻伦理争议：事件全面性、记者客观性、记者公权力滥用等等。

可以说，国外对于新闻媒介伦理失范现象的研究主要包括了对传统媒体和网络环境下的新媒体的研究。隐私泄露、假新闻、谣言、记者职业与伦理的冲突等，通常是论述的重点。

目前，中国学术界对失范和伦理失范形成了一种权威的解读，但对于网络伦理失范的概念尚未形成共识，通过从社会学的视角研究伦理失范和网络行为，可以将其视为网络伦理失范的过程。本文所述的网络传播伦理概念的界定主要包括两个方面，一个是客观存在的事实，另一个是主观判断的人。因此，我们可以认为研究中提到的网络传播伦理失范是网络社会空间中的个体在社会交往与信息传播过程中出现的伦理行为缺失或不健全，导致社会伦理调控的衰微，进而呈现出网络社会秩序的无序性。

2.1.3　失范

失范问题的研究最早起源于欧洲社会。18 世纪第一次工业革命在英国兴起，而后蔓延至整个西欧国家，英国、法国、德国等国家很快卷入第一次工业革命的浪潮之中。以大机器的生产和运用作为主要标志的第一次工业革命彻底改变了城市的面貌，颠覆了人类传统的生产方式，对人们思维产生前所未有的巨大冲击。工业革命在带来高效化生产、财富几何级增长的同时，也引发了一系列的工业化问题，如环境污染、城市病等。这些问题的出现催促着新一代的社会学家开始思索现实生活的世界到底出现了什么问题，原因何在，并试图从理论层面发出自己的声音。而关于失范问题的研究就是这一背景之下学者自发性的尝试。

回顾社会失范这一概念的历史演变，法国学者对失范理论作出了开创性的贡献：马里·居友把失范理解为一种有创造力的新生事物，失范问题之所以会出现源于原有社会的制度规范体系不再适应现实社会的生活需要，因此，需要废除旧有的社会制度与规范体系，创造一种新生的社会事物。在这里，他首先强调了失范的正功能，即失范能够促进新的社会制度与规范的产生。

与马里·居友把失范理解为一种有创造力的新生事物不同的是，法国著名的社会学家涂尔干研究 19 世纪西方社会转型期的历史，致力于社会团结的研究，从中发现影响社会团结的因素，探究产生机制和形成的成因，研究出道德建设是影响社会团结和安定的重要因素。他创造性地提出了加强道德建设，以社会道德和职业道德来制约人们的行为，构建和谐社会。这一点，对我国现状尤其有借鉴意义。我国目前正处在社会加速转型期，各项改革进入深水区，各种矛盾凸显，这些在网络空间都有不同程度的映射，两个空间相互辐射和参与，造成失范现象频出，威胁着我国政治经济社会领域的健康发展。涂尔干针对当时西方社会的混乱状况开出的"重建新秩序，实现社会团结"的药方，有利于遏制失范性扩大化，从而稳定社会秩序，增进社会团结。涂尔干将法律视为保障社会团结的力量，是可以测量的外在表现形式，法律法规树立的社会行为规范和准则，有利于维持社会群体的社会意识。这一点对当前的中国也不无裨益。虽然法律法规对社会群体的行为起着制约作用，规范着社会群体的思想和行为，可以视作法律意义上的行为道德准则，但法律法规并不等同于社会道德。而影响社会团结和引发社会斗争和矛盾的根源终究是道德因素，为此涂尔干提倡建立与社会分工相适应的多层次的道德规范体系，从个人、群体、国家三方面来促进道德个体主义。

与欧洲研究失范问题的已有传统不同，美国社会伦理学起步较晚，但美国学者关于失范问题却有着自己独到的见解。其中默顿与索罗尔就形成了两种不同的理论倾向。默顿认为失范是指文化目标与达到文化目标的制度性手段之间出现的不平衡状态，并结合美国社会现实，即在美国最大的文化目标就是成功，而衡量成功最重要的标准就是金钱，以此来阐述自己的失范理论模型。索罗尔关心的是个体层面的失范问题，通过五种失范的维度构建起索罗尔失范量表。

　　我国学者对于失范现象的研究主要集中在社会学领域。主要和风险社会理论结合起来，用于研究社会公共秩序失范等现象。随着网络的迅猛发展，失范问题从传统有形的场域扩展到虚拟的网络空间，学者们的研究视角也随之转移。目前，普遍认为网络失范集中表现为网络造谣、诈骗、犯罪、不良信息传播以及主体道德价值体系混乱等方面。对于网络失范的原因，有学者认为与网络"场域"的虚拟性、主体素质良莠不齐以及多元化主体的利益驱动有很大关系。对于网络失范的治理，有学者从"脱场"空间和在场空间的相互映射关系进行论述；有学者从主体素养、自治与他治方面进行论述；有学者从技术层面提出实行网络实名制、网络技术监管等来解决失范问题。还有学者提出政府、社会、高校以及中小学生必须不断加强人文素质教育的建设；另外大多数学者形成共识，即加快推进网络立法进程，依法治网。

　　借鉴中外学者关于失范问题的研究，可见失范是一个动态的、多维的概念范畴，对失范问题的探讨也经历了由抽象概括到具体描述、由定性研究到定量研究的历史演进过程。从宏观层面来看，失范现象属于社会规范、制度体系的稳定性与社会秩序维续问题，即指社会规范系统的分裂与瓦解状态——社会解组。微观层面的失范主要是指社会集合或社会集合成员的失范行为，在这一层面，它与越轨行为属于同义词，指的是社会集合或成员个体偏离或违反现行的社会规范的具体行为。本书研究的网络传播伦理失范问题聚焦在微观层面。主要是指社会集合或社会集合成员在网络传播过程中出现的失范行为，可以被看作与越轨行为属于同义词，指的是社会集合或成员个体偏离或违反现行的社会道德规范的具体行为，即"行为失范"。

2.2　马克思主义新闻观的理论指导

马克思主义新闻观一般指马克思主义对于新闻现象和新闻传播活动的总的看法，这一理论研究新闻的本质内涵规律等方面的问题，它是新闻理论研究的马克思主义最高理论论述。马克思和恩格斯的社会活动始终伴随着与报纸、杂志、通讯社等的交往，他们的论著中有大量篇幅涉及新闻工作，有的甚至是关于新闻工作的专论。他们的新闻思想，对于我们一直以来的传播学发展和学术研究起着至关重要的指导意义。主要新闻思想可以从以下几个方面来概括：一是考察现代新闻业的宏大视角：世界交往。二是注重报刊在社会中所处的地位和职责。三是注重新闻业得以发展的政策环境条件。四是注重新闻业、新闻政策与工人运动的关系。五是创造马克思主义政党的党报理论。六是为分析各种复杂社会关系中的报刊现象提供了许多范例。

在国际共产主义运动史上，马克思和恩格斯不仅是伟大的无产阶级革命奠基人，同时将无产阶级思想传播开来，开创伟大的共产主义事业。他们一生都在致力于共产主义的伟大事业，追求民主、自由和公平，传播伟大的革命真理。那时期还没有网络媒介，主要的信息传播载体就是报刊。马克思和恩格斯的无产主义思想也是通过报刊进行传播的，他们与报刊有着千丝万缕的缘分。报刊为他们伟大的无产阶级革命提供了有效的传播途径，也见证着他们的伟大事业的发展和奋斗历程。对他们而言，报刊已然成了他们的最佳盟友。他们创办报社，亲自编撰刊文，通过报纸抒发自己的见解和传播无产阶级思想，推动者无产阶级革命工作。他们通过报纸媒介，吸引了一大批有志青年同他们一起致力于无产阶级事业。他们指导革命报刊工作中存在的问题，对报刊事业所取得的成绩积极做出评价和总结，对无产阶级报刊的特点、性质、职能和工作原则进行详细说明和阐述。这些报刊既体现了他们的思想和理念，同时也是无产阶级最原始的珍贵资料。马克思和恩克斯成功的报刊创办理论知识和实践经验推动着无产阶级新闻理论的成熟发展，在世界新闻史上书写了浓墨重彩的一笔。

随着网络的迅猛发展、网民数量的井喷式上升，以微信为代表的新型即时通信工具已经深入生活的每一个角落，深刻改变着人们的生活、工作、学习方式和习惯。而马克思主义新闻观作为马克思主义理论对于新闻工作的理论精华，具有时代发展性，也决定了马克思主义新闻观具有不断发展变化的特征，必须坚持用马克思主义新闻理论作为指导社会主义新闻传播事业的思想，用来解决实践中出现的新的传播现象和问题。

探寻真理的路途必然苦涩，但是为了唤醒世界各地人民无产阶级的意识和觉悟，马克思和恩格斯以各种形式进行无产阶级的思想的传播，故而他们也是最早的无产阶级思想的传播者，其理论智慧对现在的研究仍具有举足轻重的意义。

1）马克思、恩格斯的新闻理论以丰富的实践经验为基石

我们追踪人类历史进程和探索伟大的革命事业，发现但凡取得成功的中外革命，都十分注重新闻工具的传播价值，充分利用各种传播途径和信息载体，将其作为革命事业的坚实利器。马克思和恩格斯的无产阶级伟大事业的推进主要依赖于新闻宣传活动，这些活动贯穿于他们事业整个始末。据有关资料显示，马克思和恩格斯创办了10多家报刊社，这些报社当时是共产主义阶级革命的主阵地，此外他们也给其他报刊投稿，据统计，所撰写的稿件有三分之一都被发表在报刊上。1842年至1843年期间，马克思与恩格斯以《莱茵报》为他们言论的主要载体，发表了大量反映广大人民夙愿的文章，以人民的利益为出发点提出了许多政治见解，替人民说出了心声，受到人民的爱戴和支持。当时马克思和恩格斯还没自己的报刊，恩格斯还是《莱茵报》的通讯员。马克思和恩格斯陆续在不同刊物上发表文章，进行他们伟大的无产阶级事业，如早期的《前进报》和《德意志—布鲁塞尔报》等报刊都是他们的无产阶级思想传播先导。马克思和恩格斯依据《共产党宣言》中的指示，于1848年6月1日创办了《新莱茵报》，这也是代表马克思主义新闻思想的最早的报刊。

1848年马克思和恩格斯创办的《新莱茵报》对他们而言有着重要的意义，它打开了共产主义革命的伟大篇章，同时也记录了马克思和恩格斯革命事业的最为辉煌的历史。许多著名的作家、政论家纷纷加入《新莱茵报》的工作中，加入了共产主义，与马克思和恩格斯共同投身无产阶级革命事业中，团结一致，取长补短，发挥

着每个人的优势和力量，彰显出共产主义同盟的巨大战斗力。马克思和恩格斯倡导工人阶级展开阶级斗争，揭露资本主义欺压人民群众的暴行，号召工人阶级积极维护自身的权益，与资本主义进行抗争。1848 年巴黎工人阶级进行了抗议活动，《新莱茵报》登载了文章予以鼓励和支持，同时对法国资产阶级对工人阶级的压迫恶行进行了激烈的批判。马克思和恩格斯以《新莱茵报》作为有效的传播途径，发表了大量著作和言论，所发出的言论也是《新莱茵报》的灵魂所在。马克思和恩格斯创办的报刊都有鲜明的政治倾向，遵循着马克思亲自制定的政治纲领。这些报纸有着无产阶级的特殊性质，是有别于其他民主刊物的，鲜明的党派性成为重要特点，也为后来的革命报刊指明了方向。这些报纸按照规定的革命运动计划和策略进行革命活动，更有组织性和影响力。马克思和恩格斯撰写了大量不同题材的文章，也铸就了马克思《资产阶级和反革命》《资产阶级文件》等著作，这些名著、典籍对无产阶级起着不可撼动的作用。《新莱茵报》因为马克思和恩格斯的主持受到广泛关注，是德国革命舞台上最耀眼的星辰。马克思和恩格斯将矛头指向万恶的封建主义，高举无产阶级大旗，鼓励工人阶级进行民主起义，坚决维护工人的切身利益，成为欧洲民主派的典型组织。

《新莱茵报》的新闻报道与无产阶级革命紧密联系，为每项革命活动进行宣传，制造舆论，对革命任务完成起到了推波助澜的作用。马克思和恩格斯十分注重《新莱茵报》的作用和力量，将其视为无产阶级革命事业的主要阵地。为了发展无产阶级革命事业，团结各阶层的力量，他们曝光大量资产阶级的剥削暴行，痛斥大资产和小资产的背叛行为。马克思和恩格斯对普鲁士国排挤民主自由派和重组政府组织的行为进行尖锐的攻击，揭露政府方面不抵抗行为，号召人民以武力来制约政府的专政恶行。在民主活动开展得如火如荼的阶段下，马克思和恩格斯越来越认识到报刊的重要性和巨大的作用。他们通过报刊致力于工人阶级的运动的组织和宣传工作，号召人民进行起义和运动，积极投身民主革命中。

《新莱茵报》始终坚持着共产主义的党纲和政治目标，肩负打破现有封建和剥削的政治制度，实现伟大的无产阶级民主革命。《新莱茵报》在最后一期报刊中，使用醒目的红色油墨字，宣告他们始终为"工人阶级的解放"进行不懈的努力和奋斗。后来在恩格斯的回忆录中，他对《新莱茵报》的伟大意义和重大作用表示非常自豪，他认为在当时没有一家报刊可以像《新莱茵报》那样鼓励人民群众，唤醒人民群众的共产主义意识和革命斗争意识。恩格斯还强调，《新莱茵报》自始至终以无产阶级革命事业的伟大目标为依托，深入贯彻无产阶级革命政党的政治理念，在民主革命斗争中体现着它的重要价值和无产阶级的特殊性。

马克思和恩格斯是无产阶级革命的倡导者，是伟大的无产阶级革命家和思想家。在从事无产阶级活动的新闻宣传中，他们从理性角度出发，摸索出许多无产阶级报刊的办刊理念，这也奠定了最早的无产阶级新闻理论基础。马克思和恩格斯终其一生致力于共产主义事业，他们写过的许多著作无不展示着他们的思想光辉，是共产主义民主共和的坚实的思想基础。

随着半个多世纪的无产阶级革命的宣传工作，马克思和恩格斯的新闻思想和观念逐渐成熟和深化，对现在的无产阶级新闻工作有着重要的指导意义。与此同时，《新莱茵报》是马克思、恩格斯无产阶级革命的新闻思想载体，也是追溯马克思和恩格斯无产阶级革命的传播思想的重要依据。

2）1848年以前的马克思和恩格斯的新闻思想

在创办《新莱茵报》之前，马克思和恩格斯的无产阶级革命意识还不够明确，共产主义思想理念发展还不成熟，他们的新闻思想和观念是建立在民主之上的，与当时的资产阶级自由派没有太大的区别。那时他们将报刊当作一种民主革命活动宣传和民主意识传播的有效工具，并未给报刊注入阶级属性。《新莱茵报》具有鲜明的阶级属性，他们打破常规地提出了"人民报刊"，对以后的无产阶级刊物有着指导意义。

（1）使命感驱动人们去做新闻工作。

马克思、恩格斯说过，新闻的责任是"为人民服务和替人民伸张正义"，所以，新闻出版物一定要坚持以人为本，保护广大人民群众的自身利益。他们一而再再而三地指出，报纸和期刊是"人们制造话题的途径"，"是人民言论的产物，与此同时，它自身也带有社会宣传"，报纸和期刊是社会事实的写照，只有真实才会引起人民群众的视点和点评，从而进一步发展为社会问题，只有这样才能引起杂志社的重视并且去报道它、发表它，一篇文章想要人们去相信、去关注，一定得具有真实性并且要客观不能夹带自己的情感。"水能载舟，亦能覆舟。失去了人民群众这个庞大的基础群的心，那么这家杂志社也就失去了自身存活下去的条件"，有了这种认识之后，它们才能时时刻刻为人民着想。马克思格斯还说出了"人民报刊"的三个基本思想。

首先，人民报纸、期刊"要敢于面对社会中的任何事件，并理性地进行指摘"：

马克思在给资本家卢格的信中对报刊的论述写道：无产阶级报刊一定要敢于对错误的思想和言行批驳否定，并和一切事件做斗争，尽自己最大的努力去保护无产阶级的权益。中心意思是"在一切旧事物中去发掘新事物"。揭发了普鲁士封建专制制度是靠奴役人们思想使人们变成行尸走肉来维护的。在专制社会里，人们只会无休止地去工作去劳动，没有应享受的权利，它使白天变成了黑夜，使人们像畜生一样活着。马克思说："人们如果想要自由，想要人权，那就必须同万恶的旧社会做斗争，彻底地去推翻它，建立属于人民自己的新国度，用人权代替君权。"

为了能够更好地去宣扬自己的思想与理念，马克思创办了名为《德法年鉴》的报刊。并提出了《德法年鉴》以后的发展轨迹"要对生活中所有的不公平进行批驳，要揭露当前为官者的丑恶嘴脸，敢于和一切恶势力做斗争"。人民群众自己的报刊要敢于去维护人民群众自己的利益。同时，他还特别要求"将社会批判与国家体制的批判相联系"。中心思想是"对现实当中的战斗与希望做出自己的判断与说明"，马克思对报刊的要求是，为了广大人民群众自身的利益去推翻旧政府，建立属于自己的新政权。

其次，"人民群众平时对事物的统一认识和情感的流露"都是通过报刊来描述的。人民报刊是"人民群众平时对事物的统一认识和情感的流露与描述"，这是马克思所写的《"莱比锡总汇报"的查封》中对人民群众报刊提出的要求。

19世纪40年初，马克思写了七篇论文来评价《莱比锡总汇报》被当时国家政府停办的原因。揭露了进步报刊难以在普鲁士生存下去，是因为政府的种种打击，在这时"人民报刊"的思想也被提出。

马克思说道，人民报刊是人民群众平时对事物的统一认识和情感的流露，"它长在人们的心中，它与人民群众一起渡过生活中的风风雨雨，坎坎坷坷。它在人民那里学会了倾听，它听到了人们对现实社会的不满，听到了人间的疾苦还听到了人们对于美好未来的憧憬。它将这些讲出来，并对他们进行批判"。无产阶级政府总是冲在穷苦人民的前面，因为它表达的是人们的喜怒哀乐。因此，人民报刊就是为人民服务的，与人民生活在同一个屋檐下，感受生活的酸甜苦辣，与人民荣辱与共。这是党和人民的报刊，也是报刊存在的意义。

马克思说人民群众要敢于和一切恶势力做斗争，他指出："我们肩负着一定的使命，那么我们该怎样去完成它呢？首先，压力是动力，但当外部压力过大时会摧毁一件事的底线。其次，任何事物都有其运行的内部规律，这种内部规律不能因外部的蛮力而丢失掉。"并且判断："只有敢于斗争人们才会相信你，人民才会把手中的权力交给你，这样你才有活下去的必然性。"

最后，人民生活中的困难疾苦是人民报刊需要了解的最新资讯。

人民报刊工作者必须深入了解人民生活中的困难疾苦去了解最新资讯。这是恩格斯在写给英国工人阶级的信中对无产阶级提出的要求。

恩格斯在19世纪40年代初到40年代中一直在英国定居,与工人阶级一起工作,对他们的生活方式、劳动强度、工人阶级与资产阶级的对立情况和他们在英国的社会地位都做了深入的研究,积累了大量的新鲜素材;又在之后的半年时间里在德国巴门写了《英国工人阶级状况》。写成之后,于1845年3月以《致大不列颠工人阶级》为题,写了一封信给英国工人阶级。主要说了自己在创作《英国工人阶级状况》这本书当时的情况,强调了写这本书的主要目的是为了阐述自己展开调查的观点、对待社会情况和工人阶级的态度以及思想作风等问题。恩格斯强调,工人的调查情况,不能从表面上观察他们的生活习惯及作风,应该通过实际调查与交往中去发掘第一手资料,并且通过各种渠道去获取有关于工人阶级的资料,进行分析和整理。恩格斯说:"我希望同你们一起吃、穿、住、行、来观察你们的一举一动,在同你们深切的交谈中去了解你们的喜怒哀乐,并亲眼看见了你们怎么去反抗命运,绝不向命运低头的决心。"

恩格斯强调,社会调查可以让你亲眼看见工人阶级反抗统治者所经历的困难,也可以让你看到他们的希冀和微不足道的请求,是我们这些有知识的人为那些穷苦大众所做的微不足道的一件事,恩格斯讲述了自己创作《英国工人阶级状况》困难经历,正像他自己所言:"我抛弃了上层人的优质生活,用自己的所有时间去与工人阶级进行交谈，对于这样的生活方式感到非常的愉快与自豪。"并指出，"你们的这种傲慢与偏见，是资本主义统治下资产阶级极端的吝啬与政权相结合所诞生的必然后果"，恩格斯在同工人相处的这段时间里，不仅学会了一些生活中的小常识，而且为以后的推翻资产阶级的统治与无产阶级的建立打下了坚实的基础。

恩格斯在英国底层生活的那段时间，亲眼看见了英国统治阶级利用强大的武力来镇压罢工热潮。他一定要将社会底层人民的生活状态反映出来，列出资产阶级的种种罪恶行径，以便于向全世界指控资产阶级的罪状，用自己的实际行动去批驳资产阶级的丑恶嘴脸，并向工人阶级阐述了一个道理："当一个人有利用价值的时候，他就会利用你们为自己牟取更多的利润，而当你们完全没有剩余价值时，他就会像苍蝇一样吸干你们身上的血，让你们露宿街头，最后受折磨致死。"强调了资产阶级想方设法从工人阶级身上榨取血汗钱，而工人阶级只是想混个温饱都不能办到，工人阶级以自己的劳动换取生存空间是值得赞扬的。他认为工人阶级必须建立自己的政权来保证自己的切身利益。正是因为人民的权益没有得到保障，所以人民报刊应该更深刻地了解人民生活的悲惨，知道他们真正想法与生活上的困难，支持他们的解放斗争。

（2）马克思和恩格斯迫切地需求自由出版

马克思和恩格斯认为在当时的资本主义环境下，言论自由，发表自由是人们最基本的权利。他们把出版自由当成是"工人阶级用来洗涤与净化自身灵魂的一种言论"，"是人类挣脱束缚的体现"。马克思认为，出版自由是连接资产阶级与无产阶级之间的一座桥梁，将资产阶级与无产阶级相结合。它应该与统治阶级无关，是一种新时代下的政治产物，不因统治者的意愿而发生转移，是为无产阶级服务的，秉持着为人民服务的基本原则来思考问题。人们需要一个公平公正的平台来与统治者进行互相的评论与需求，这个平台不能由统治者构建与参与，他要将人民群众真实的生活状况反映到统治者的面前，成为公平对话的一把利器。基于当时社会大环境的腐败与堕落，人民权利无法得到保障的情况下，他们提出了"出版自由"的两个基本思想。

一是"用事物本身的语言来说话"是实践真理的最恰当的方法。马克思深入地研究了当时的社会国情与国家法律，并对法律当中的一些不合乎理法的制度进行了激烈的驳斥。对新检查令当中的追究作品是否有偏向某一观点的规定做出了解释，他指出只有当一个人触犯了法律之后，你才能逮捕他，而不是因为思想领域的问题束缚他，这种将人的思想领域作为一个国家法律评判的标准，自身就是一种畸形的不健全的犯法行为。这样作家就成了法律制度下无辜的牺牲品。他总结：只有当国家去除了书报检查令以后，人们心中所向往的言语自由，发表自由才可以尽快地实现。

二是人民群众需要用自由出版来观察自己生活的世界。这是马克思对无产阶级报刊所做的新的描述。19 世纪 20 年代初，普鲁士大部分城乡居民都没有土地，而是否拥有土地是参加省议会的第一条件，所以大部分居民就是去了参与省议会的权利。由于贵族在选举当中占绝大多数数量，所以省议会被戏称为贵族的选举。省议会关于出版自由的辩论是自愿展开的。马克思抨击了当时的普鲁士检查制度，表达了对当时检查制度的不满，披露了政府对于报刊的丑恶嘴脸，并与人民渴望出版自由的心态做了鲜明的对比。不同的等级代表对于出版自由所持有的观点不同，马克思说道：人们向往自由，自由是人的天性，不过在普鲁士自由只有很少的人拥有这种权利。

（3）19世纪40年代末的"无产阶级党报"。40年代末，欧洲工人掀起了资产阶级民主革命，并逐渐扩大，成长。中国等国也成立了无产阶级政党。马克思恩格斯他们在革命的浪潮中，逐渐转变了自己的身份，由民主主义者转变为共产主义者，其宣传信息的方法，也从人民报刊发展为无产阶级党报。与原来的人民报刊相比，无产阶级党报有两个优点：

首先，党的指导方针是党报宣传的核心内容。

马克思和恩格斯在同时期指出，所有的报刊及党报都要严格遵守党的指导方针，以党为榜样，彻底贯彻党的领导方案。党的机关报代表的是党的良好形象，一旦这个形象毁了，外界就会通过它来嘲笑我们政党的无能。要同资产阶级做斗争就必须明确党的指导方针，如果没有实际的领导方针，党的这艘船就会失去前进的指明灯，就会迷失在大海中。因此。在国家政府机构中，应该存在一个不受国家直接管理的刊物，也可以理解为，党报在重大决策问题上，应该直接地表达出自己的看法，不能模棱两可。同时党报还可以在人们低迷、没有信心去面对艰难险阻时体现出一种可以振奋人心的主旋律，并且鼓舞人们的士气，给人以一种积极向上、阳光、对未来充满憧憬的样子。党报作为党的发展道路上的重要环节，应该遵循国家的领导。在这样的环境下，他们提出了为无产阶级建立党报的三个基础观点。

一是革命的真理需要用无产阶级报刊去宣扬。

这是恩格斯对无产阶级政党所领导下的报刊的最根本的规定。马克思、恩格斯认为党的核心价值观就是一心一意为人民服务，一个国家的所有宣传手段最根本的目的就是向人们宣扬：想要过上幸福美满的生活就必须同旧势力做斗争。对社会主义国家来说，就是让广大的工人阶级和农民群众去了解我们党，知道党的领导方式与政策方针，团结一切可以团结的力量为自由和理想去奋斗。党的报刊需要去传播自己的核心观念，让人民群众去了解党，还要学会去引导社会舆论，将国家的政治及经济力量彻底地暴露在社会主义广大人民群众面前，宣扬伦理道德，加快社会和谐稳定的发展。无论怎么变换党的方针与革命，都应该坚持革命才是人民翻身做主的基本任务。信息化的发展，能够加快人民对无产阶级政党的了解，了解党的政策方针，使人民可以更加方便地了解国内外的新闻事实，获取更多的有价值的信息，从而更加积极地参加各种社会活动，为革命建设贡献出自己的一份力量。要充分容纳群众的各种言论，客观地得出结论。对于报刊所写的内容范围，恩格斯在1947年就写过一篇文章对此进行过系统的叙述。

恩格斯指出，"党的报刊首要目的是发表正确有利于政党生存与发展的言论并且反驳那些对党做出攻击性言论的反动派"，德国民主制的重要性是什么呢？人民不能当家做主，权力被资本主义者所垄断，在这种制度下，那些小资本家就可以借此去压榨人民群众，剥削他们。因此，怎样消灭这种不平等的制度呢？第一，必须人民当家做主，政权应该掌握在人民手中，第二，人民到底掌握多少权力也是非常重要的，该怎么样才能让人民群众取得权利呢？恩格斯提出了要从实际出发，运用我们的智慧，运用知识的力量去让人们了解无产阶级是多么伟大。

二是党报应该成为党的千里眼与顺风耳。

这是马克思在《〈新莱茵报〉审判案·马克思和恩格斯的发言》中明确提出的党报性质。1949 年 2 月 7 号，政府因为他们发表了《逮捕》这篇文章，对《新莱茵报》进行了查处，马克思和恩格斯首次在反动统治的大背景下提出革命报刊的任务以及使命是在 2 月 7 日的审判庭上，由于对二人的指控毫无根据以及证据，此二人作为被告身份使用诸多有力证据为自己辩护，在发言中，指出揭露是革命报刊的根本职责。同时将普鲁士当局的种种阴暗思想和行为公之于众，并提出了出版自由的先决条件。

在法庭上的发言中，马克思条理清晰地对报刊的使命进行了分类定义：对于社会而言，报刊作为捍卫者，维护社会的知情权；对于当权者而言，报刊是揭露当权者不法行径的有力武器；对于人民群众而言，报刊是人民的发声器，用来捍卫自己自由与权力的传声筒。马克思的发言完毕后，恩格斯在此基础上加以扩充，表述对象具体到了党报，他认为党报不应当只是简单地作为发声器和传话筒，而是应当体现出作为机关报的旗帜特性，党报应当是党内的一个指路针，当党的方针或者路线产生错误苗头时，党报就应当在此时站出来，举起反对的大旗，帮助党回到正确的路线中去。

出版自由的问题是恩格斯关注的重点，在一次发言中他说道：对公民进行保护，保护其不受官员的迫害是报刊的首要职责，并且报刊有义务向社会揭露官员的不法行为。报刊不应当作为法院的表达器，而是应该果断地揭露事实的真相，而不应该考虑官员或者政府的尊严问题。如果报刊的报道是为了估计官员荣誉而进行报道的，那么也就失去了出版自由的意义。此外，恩格斯还强调，报刊的一个十分重要的职能是对政府的基础进行破坏，恩格斯以《新莱茵报》作为示例，他表示该报批评监察机关的行为正是该报摧毁政府一切制度基础的有力示范。马克思以及恩格斯在《新莱茵报》审判案中的发言，简要但是明确地阐述了无产阶级的新闻思想，为日后新闻理论的发展打下了坚实的基础。

三是党报必须"扛着旗帜前进"。

马克思和恩格斯在 1879 年 9 月给《奥·倍倍尔、威·李卜克内西、威·白拉克等的通告信》中表明虽然信是写给奥·倍倍尔的，但是明确指出，这封信是给全体社会主义民主党领导看的，如此一来，这封信就不再是私人信件，而是具有文件性质的公开信。信中，马克思和恩格斯明确表明了二人对于党内机会主义的看法以及党的立场的叙述。这封信中提到的方案是恩格斯 9 月初拟定的，当马克思回到伦敦市，二人立即进行讨论并最终确定方案，日期是9 月 17 日。

《社会民主党人报》（周报）是由德国社会民主党与 1878 年在瑞士苏黎世出版的刊物。《社会民主党人报》（周报）在筹备过程中，施拉姆以及"苏黎世三人团"的其他两位成员赫希柏格和伯恩斯坦提出以下建议，首先他们三人认为《社会民主党人报》的办报纲领应当遵循修正主义，其次该报的立场应当公正中立，办报原则应当采取社会主义方针，此外这三人还希望在办报过程中应当尽量避免整治激进主义。

对于苏黎世三人团的行为，马克思和恩格斯在信中对三人进行了严厉的批判，批判他们的行为存在严重的机会主义，批评作为党的领导人不应该采取如此的调和态度。马克思和恩格斯在信中指出：如果社会主义报刊，不能做到公平公正，不能代表人民发声，不能作为反对党抵抗律斯麦，而是对其唯命是从，受其辱骂、挨打，那也是活该这样。因此，马克思和恩格斯为无产阶级办报指明了方针与路线，他们提出无产阶级党报是坚决抵抗反动统治的有力武器，党报文章编写者，必须拥有无产阶级革命思想，坚决拥护党的正确方针与领导，报纸的宣传工作必须紧密联系社会实际情况，不夹杂个人感情的从存政治层面看待问题，党报必须举着旗帜行进，向社会与公民阐述党的未来道路以及既定目标。

不仅如此，马克思和恩格斯还对机会主义进行了严厉的批评，他们对于"苏黎世三人团"的中庸的办报纲领进行了批判，他们说：阶级斗争在现阶段是一直存在并且是无产阶级为之奋斗的，任何人不要想把阶级斗争从运动中剥离开来，更不要误导广大的人民群众，无产阶级不能苟同那些人关于人民群众缺乏教育的说法，不能任由资产者解放人民的言论传播开来。新的党报不应该只采用考虑这些资产阶级的意见，如果真的是这样的话，那么党报已经沦为资产阶级党报了，不再是无产阶级的有力武器了，会遭受到无产阶级的反对，并且会破坏内部的团结。马克思和恩格斯这番话很好地体现了他们坚定的党性原则。

其次，无产阶级政党的报刊必须把为无产阶级服务作为自己的生命线。

党的新闻工作的重点是尽量争取尽可能多的人民大众的支持与拥护，马克思和恩格斯表示，必须将新闻宣传工作的重点放在无产阶级大众中去，宣传的内容也要尽量做到通俗易懂，能够被广大人民群众理解，使得文化水平低的无产阶级也能领会领导层的意思。同时，还需要扩大读者群体。党报的工作者必须赋予双倍的耐心进行讲解以及宣传，新闻稿件也要最大可能的通俗易懂，竭尽全力地为无产阶级大众服务，最大程度的赢取基层人民群众的信任。给他们讲解革命的真理，鼓励他们为了自身利益以及无产阶级的利益，勇敢地投身到反对资本主义的浪潮中去。这样一来，只有得到了无产阶级大众的拥护与信任，无产阶级党报才能得以生存，并且得到更好的发展。群众的力量是无限的，有了无产阶级大众的支持，党报才能根据大众的建议进行自我改进与提升，及时纠正错误。使党报在正确的道路上继续前进，并且维持正确的方向，发挥出应有的指导作用。

马克思和恩格斯还强调，党报要时刻保持与无产阶级底层人民群众的联系，新闻工作者要想与人民群众保持密切联系，必须深入到群众生活中去，放下知识分子的身份，深刻了解工农大众的实际生存以及劳动工作情况，与群众同吃一锅饭，同睡一张床，切身实际地感受人民群众的思想与精神状况。务必使党报成为连接无产阶级政党与人民群众的桥梁、沟通的纽带。新闻工作者必须全心全意服务广大劳动人民，这样才能使得无产阶级基层大众能够无怨无悔地投身到无产阶级解放运动中。马克思和恩格斯的思想以及观念，对无产阶级新闻工作具有极强的指导意义，并且占据着重要的地位，不仅如此，马克思和恩格斯的思想以及观念具有鲜明的时代特点，为后来的无产阶级新闻理论奠定了坚实的发展基础。

马克思主义新闻观是与时俱进发展的，在中国，结合马克思新闻观的主要观点，不同时期都有各具时代特色的新闻观点。并呈现出一脉相承、继承中发展的特点：

毛泽东同志早在 1948 年《对晋绥日报编辑人员的谈话》中就对宣传党的方针政策的重要意义给予明确说明："报纸的作用和力量，就在于它能使党的纲领路线，方针政策，工作任务和工作方法，最迅速最广泛地同群众见面。"这些论述充分地表明了毛泽东同志对新闻工作的肯定，并对媒介与受众的关系做出最深刻的判断。

在 1998 年新华出版社出版的《邓小平新闻宣传》一书中，提出了邓小平新闻宣传思想中的群众观，长期指导着新闻理论研究和新闻实践。它的内容包括：向人民群众宣传党的主张；公开地向群众表明立场指明方向；扩大群众的监督；反对形式主义和官僚主义，强调新闻报道要拿事实说话；讲求新闻的针对性；注重调查研究；关心作风建设等七个方面。当前，学习邓小平新闻宣传思想中的群众观，就是为了更加主动地应对时代变化，调整工作思路和方法，努力使新闻宣传工作更加贴近实际、贴近生活、贴近群众，增强公信力、亲和力和影响力。

在新的历史时期，江泽民同志在总结历史经验和中国特色社会主义新闻实践经验的基础上，多次就新闻传播工作发表重要讲话，在党的十六大报告中，江泽民同志再次强调："新闻出版和广播影视必须坚持正确导向。"他把新闻的性质、功能"聚焦"到党和人民的舆论工具上，在党的新闻发展史上明确地提出了"舆论导向"的科学概念，并把这个问题提到前所未有的高度。如此鲜明集中地论述这个问题，在马列主义经典著作中是不多见的。"舆论导向"这一新闻思想，构成了中国特色社会主义新闻学的理论支柱，是江泽民同志对马克思主义新闻学说的重要理论贡献。

胡锦涛在 2008 年 6 月 20 日在《人民日报》的讲话中所说"按照新闻传播规律办事"，便是对马克思 1843 年 1 月关于"必须承认报刊有自己的内在规律"论述的当代阐发。

习近平 2014 年 8 月 18 日就发布《关于推动传统媒体与新兴媒体融合发展的指导意见》而发表的讲话中所说"遵循新闻传播规律和新兴媒体发展规律"，不仅是对马克思论述的阐发，而且是对马克思论述的与时俱进的发展。2016 年 2 月 19 日，习近平在党的新闻舆论工作座谈会上，直接采用了马克思"根据事实来描述事实"的原话。因此，在新时代背景下，新闻工作者仍然应当认真学习马克思和恩格斯关于新闻宣传的理论以及思想，掌握新闻宣传工作的基本原则以及原理，树立坚实的马克思主义新闻观，为建设中国特色社会主义新闻宣传事业打下坚实的理论基础。

在中国共产党的十八大会议上，就新闻职业从业者的道德观树立问题，习近平总书记提出："首先，任何新闻工作都应当在党的指导下进行，新闻工作者需要严格遵守党的方针政策，紧密围绕在中国共产党的周围。新闻工作者需要紧握时代发展的脉搏，不断提升自我素质，进而推动自身新闻职业道德观向前迈进。其次，党的任何事业都离不开人民的拥护以及支持，新闻传播工作也不例外，新闻职业道德观的建设必须紧紧围绕在党的周围，必须和人民的生活息息相关。最后，作为社会职业道德大家庭中的一分子，新闻工作者在职业生涯中，必须遵守应该遵守的职业道德与道德底线。"

在党的十九大报告中，习近平总书记进一步强调"要加强互联网内容建设，建立网络综合治理体系，营造清朗的网络空间"。"清朗"作为一种理想状态和努力目标，提倡网络文化内容的丰富及雅俗共赏，强调网络空间秩序的构建。这些论述都从国家治理体系和治理能力建设的高度正视当下网络空间呈现的伦理失范问题，以鲜明的问题导向引发和呼唤学术层面对网络空间治理的思考和回应。

综上所述，良好正确的新闻职业道德观的发展必须围绕社会主义核心价值观进行建设，此外还要紧紧坚持党的领导，从以下三个方面进行建设：遵从中国共产党的正确领导、学习马克思主义理论以及从业者自身建设。

近年来，民生问题逐渐成为国家管理的重要问题，关于民生的新闻越来越多地出现在报纸、杂志、电视新闻的头版头条，是社会关注的热门话题。党的十八大会议上，关于新闻行业队伍建设，习近平总书记做出了重要的指示：良好正确的新闻职业道德观的发展必须围绕社会主义核心价值观进行建设，必须坚持以人为本的原则，任何时刻，任何情况下都应把人民的利益放在首位，老百姓的事情大于天，党和国家的一切权力都是来自于人民。权力是人民赋予的，主要表现在以下两个方面：

一方面，权力是一把双刃剑。党和政府的权力是由人民赋予的。新闻宣传工作必须以人民群众作为基础，新闻是人民的新闻。民众的事情高过一切，新闻行业产生的最初目的就是为大众服务。随着社会的发展以及进步，新闻工作者在工作过程中会受到不同程度利益的驱使，从而使得部分新闻工作者脱离方向或者逐渐远离基层人民群众，这样的后果极有可能导致新闻的时效性减弱，影响真实程度。那么，新闻传播工作将会逐渐走向衰败。

另一方面，新闻是人民的新闻。从事新闻工作的从业人员应当履行起对人民群众负责的义务。权利与义务是相辅相成的，没有权利就没有义务，没有义务的权利也是没有意义的。新闻工作者主要应该履行的义务有以下方面：首先是为人民服务，使得新闻深入人民的生活当中去；其次是新闻工作要报着实事求是的态度，保证不报道虚假的消息以及新闻；最后是进行正能量的传递，积极倡导社会上优良风气的形成以及传播。

2.3　中国传统道德思想的一脉相承

在微信的视角下，对网络传播的伦理失范问题进行研究，离不开对传统的伦理道德要求的理解和认知。对当前存在的失范现象的研究和剖析，特别是对网络空间内，应该遵循的伦理道德规范体系建设，离不开传统伦理道德学说的指导。

马克思主义道德学说与资本主义道德学说最大的不同点在于：是否以集体主义为核心。马克思主义的道德是无产阶级以及共产阶级的道德。是为所有的无产阶级以及共产阶级谋求福利，所崇尚的是集体主义价值观。换句话说，集体主义以及舍己为公等大公无私的情操是马克思主义道德的典型特征。

当然，也要看到，马克思主义的道德观与资本主义道德观在对于诚信、隐私以及规范的认识程度上还是统一的，两种道德观都认为应当恪守诚信、应当尊重隐私、应当认同规范。以上三点对于全人类来说都是道德的精华所在，应当被全人类、全社会所遵守。

因此，从微信视角下研究网络传播伦理失范。既要坚持以集体主义为主要特征的马克思道德观，同时也要坚持全人类倡导"诚实守信""尊重""隐私"这些道德观念。只有实现两者之间的无缝对接，才能构建起符合社会主义国家的网络传播中的道德规范体系和相关制度，切实解决现存的网络传播伦理失范问题，构建和谐有序健康的网络传播环境。

目前，现代规范的伦理学主要分两类：目的论（Teleological）以及义务论（Deontological）。这两大论具体构成如下：

1）功利主义的理论

功利主义是目的论的范畴，是结合效用的原则和最大幸福的原则来评判正确和错误。此理论认为，追求善的行为就是追求幸福。这些行为是否正确是不能够通过行为者的最大的幸福来体现的，这些幸福主要是通过众多的行为来进行评价的，也就是所说的对幸福结果的追求。这种方法主要是利用成本——利润来对道德进行评价，对此行为影响最广泛的群体的利润进行最全面的选择。一般来讲，功利主义主要是从行为最大的后果以及成本方面的角度来分析思考问题。同时，在此主义中，结果放在最主要的位置，人们通常不重视整个过程的进展，从而不重视所谓的公平正义还有自由平等。

利用功利主义能够有效地对个人的隐私权进行尊重，对所利用的电子设备进行监控，可以有效地解决网络中对知识产权的保护以及资源的利用等多方面的问题。在这个视角下，对人们利用的电子设备进行有效地监控有很重要的社会效益，对知识产权进行保护，可以从多方面对社会的活力进行激发，从而不断地促进社会的发展，实现"人民群众最大范围的幸福"。

2）义务论理论

在义务论理论中，最主要的代表是康德的伦理学思想。康德的思想认为，行为所产生的后果在道德方面是不重要的，对于源自义务方面的行为在目的方面是没有道德上的价值的，此方面的目的可以通过义务来进行实现，此行为的道德的价值主要在于所存在的原则方面。

由此可知，结合义务产生的行为是有道德价值的，这方面的义务主要指的是人民所遵从的道德。从一些方面来讲，义务论是有着很强烈的社会方面的责任感以及使命感，主要是为了形成道德上的普遍性以及多方面的崇高性。从网络社会的角度来讲，它是一个有着多方面的开放性、虚拟性以及匿名性等复杂性质的社会空间，在网络伦理道德的治理中，将义务论作为主要的依据，其目的是为了让群众从理性的思考出发，不断地进行自我反省，从而不断地加强自身的责任感。

3）权利论理论

权利论主要讲的是人权的问题。关注点在于人们对权利问题的尊重，同时还将权利问题作为公平和公正的基础。在对相关的问题进行探讨时，这方面的重点主要分析此方面的行为有没有对个人的权利造成了侵犯。此权利可以显示出人的价值。可是在具体的现实社会中，当在网上发表自身的观点时，一些人会认为这源自自己有言论自由权。但是，在行使自己的权利时，有些人会忽略不正当的言论可以损害他人的名誉权、隐私等方面的问题。怎样对这些权利进行优先的判断是行使权利的关键所在。

通过上述分析可知，伦理学方面的各个理论的存在都是合理的，可以有效地解决网络空间伦理方面的一些问题。同时，在实践的过程中，也要深刻的重视到这其中所存在的问题。在马克思主义的道德学说和伦理学中，结合集体主义的道德原则，不断强调需要将集体利益和个人利益从多方面进行辩证唯物主义的区分。在选择道德时，不仅要一切以集体的利益为重，还要将个人的正当利益进行实现。当个人的利益和集体的利益产生矛盾冲突时，此时，需要以集体的利益为重，将集体的利益作为对善恶进行评价的最高准则。

在切实的网络社会实践中，充分运用马克思主义伦理道德学说，可以从以下两个方面进行探讨：

（1）道德选择中的担当及个人自由

在人们进行道德选择时，主要就是参照一定的标准，结合多方面的伦理价值进行抉择和分析判断。道德选择中的前提是人的意志和自由，但是这方面的自由和康德所谓的自由是不一样的。马克思主义的伦理学中认为人的选择主要是由社会和人的意志来决定的。但是，意志的自由是相对的、具体的和现实存在的。在人们进行道德选择时，需要结合自身的主观能动性。在选择自由的同时，也要为选择的后果负责。通俗来讲，人们在选择道德的自由时，需要承担一定限制内的责任，才能不断地呈现出自身的价值。

在网络社会中，所存在的组织是开放、松散的。在此环境下，有很多自由人士、无政府的人民会追求所谓的自由。他们要求摆脱多方面的道德的原则以及在伦理方面的限制，追求的只是自身的行为的满足。在这样不健康的环境下，会导致人们的网络行为失范现象，从而对国家、社会以及个人的信息、财产和人身安全造成危害。由此可见，在网络社会道德伦理规范体系的建设中，需要人们对自我进行负责，对别人负责，要具有严格自律的态度，需要不断地促进网络中个体行为按照共同认同的道德行为准则和规范进行。

（2）在道德评价中的动机与效果

人们在进行行为活动时，都不是单一进行的，会有各种各样的目的。在一些情况下，行为的参与者会有和活动的目的完全不相同的动机，进而导致后果南辕北辙。因此，在对道德进行评价时，要结合行为的动机以及效果，进行多方面的评价。马克思主义的伦理学不仅反对单纯动机理论，也反对单纯效果论。认为必须将动机与效果进行统一，马克思主义的伦理学想要表达的是在进行道德评价时，不仅需要结合动机，还需要结合效果。要结合行为的多方面的情况来进行多角度、全方位的分析。当分析网络上的实践时，不仅需要看动机还要看效果，只有将这两个方面进行结合，才能够对整个事件进行正确的评价，而不是对事件的问题进行询问指责。

在网络传播的伦理道德规范方面进行研究时，中国儒家传统中的"仁爱""诚信""慎独""内省""重义轻利"等伦理思想也是重要的理论基础。在中国几千年的发展史中，儒家占据了相当重要的地位。儒家由孔子创立，其后经历了孟子、荀子、"罢黜百家，独尊儒术"、程朱理学、陆王心学等演变阶段，成为历代王朝封建统治的主导思想。在我国传统哲学史、伦理学史上，儒家思想都占据重要的地位。儒家思想作为中国传统文化的主流，其中蕴含着丰富的治国做人思想，下面几种伦理思想对于研究微信视角下的网络传播伦理失范问题有着重要的借鉴意义：

仁爱：儒家讲究"仁者爱人"，儒家思想从仁爱的精神出发，在现实的人际交往中要注重人的价值，并深信人性是本善的，每个人都是具有仁爱能力的个体。在以微信为代表的网络传播的过程中，仁爱精神同样重要。仁爱是网络人际关系的重要原则，"仁"体现了在网络传播过程中始终要秉持着一颗仁义之心，宽容待人，包容异己，最终求同存异，实现和谐和睦相处。"爱"则体现了微信网络传播过程中的精神实质。人的需求分为不同的种类，究其根源，源于人内心爱的需要，每个人都有爱与被爱的能力，渴望爱别人，也希望得到别人的爱。在实际的网络传播过程中，要学会爱人，既要爱与自己价值观相似或一致的人，也要爱那些与自己意见甚大的人，切勿一味地推己及人。儒家倡导的所谓仁者爱人，在以微信为代表的网络传播过程中应该以一颗仁爱之心与人友好相处，同时要符合道德的规范与要求，力求维护道德的权威性。

慎独：就是指自我管理与自我修养。一个人要学会自我独处，在自我独处的时候要学会自我管理、严格要求自己，使自己的行为规范符合整个社会发展的需要，为社会大部分成员所接受，进而增强其道德行为的自觉性，强化道德行为的情感体验，并内化为自身的高层次道德要求。这就要求作为微信使用者，其使用过程应该自觉维护网络传播应该遵循的道德准则和规范。慎独对一个人提出了更高层次的要求，它要求网民个体在自身独处的时候，要学会恪守网络道德底线，不做任何伤害他人，破坏网络文明生态环境的事。

内省：关于内省，儒家讲究"吾日三省吾身，为人谋而不忠乎，与朋友交而不信乎，传不习乎"。由此可见，儒家的内省是围绕着忠、信而展开的。"三人行，必有我师焉"。这种内省更多的是通过自我向身边的人学习的方式来完成的。在这里，儒家强调了上至君主，下到百姓都需要时时在"内省"，以求实现进步。

重义轻利：进入21世纪，我国也进入了社会主义市场经济的发展模式，市场经济逐利的本质在社会诸多领域逐步暴露出来，其中以微信为代表的网络传播领域同样存在为了私利违法犯罪的情况，一系列网络伦理失范现象突发的背后实则是利益驱动下利润链条的夸张。许多人被眼前的金钱遮望眼，不能正确地处理好义与利两者的关系。儒家关于义与利的关系表述很明确，那就是"重义轻利"观。孔子主张"杀身成仁"，孟子主张"舍生取义"，孔孟作为先秦儒家最重要的代表人物，指明了他们心中的义利观。尤其值得注意的是，这里的利与义是指社会上的大利与大义，属于社会公利与公义的范畴。这种最初生成于游侠之间的利与义，后来逐步演化成了提倡为道义而努力、献身的精神。孔子提出的以仁为核心的道德规范体系，就包含了孝悌、忠恕、信义等各类具体的道德规范体系。在新时期新条件下，并不是一味地否定逐利的可能性，所倡导的逐利行为，是追逐集体主义的公利，是追逐符合法律法规的利益，而不是造成网络伦理失范现象甚至造成违法犯罪行为的个人私利。在逐利的整个过程中，倡导当事人双方应时时秉持着义的品格，并作为一种职业操守长期坚持践行之。

诚信：诚信自古就是修身立国之根本。"诚信"出于《商君书·靳令》，是由"诚"和"信"这两个词构成的。在北宋时期，我国有位著名的理学家，曾经讲过"学贵信，信在诚。诚则信矣，信则诚矣"。通过对相关记载资料的分析可知，在我国古代人们对"诚"和"信"的定义是相同的。同时，还有古语所讲："言之所以为言者，信也。言而不信，何以为言"。在《大学》里面记载"所谓诚其意者，毋自欺也"。从此方面的分析可知，在我国古代"诚信"的意思主要是：履行自己的诺言；遵守自己的承诺；言出一致等方面。在孔孟先哲们的眼里，诚信是做人的根基，一个人可以能力不强，但是一定要学会诚实做人做事。在孔子的一生中，他是比较重视诚信的问题的，孔子曾言，"人而无信，不知其可"

"言必信，行必果"。在《论语》中也记载："人而无信，不知其可也。大车无倪，小车无朝，其何以行之哉？"从这些方面可以看出，孔子将诚信看作是人们立身办事的根本，是必须具备的品德。孟子也是宣传以及推广诚信品德的重要人物。在孟子的《孟子》一书中主要记载："诚者，天之道也。思诚者，人之道也"。通过此方面的论述，可以看出孟子提倡人们要讲究诚信问题。除了孔子、孟子之外还有很多学者也是诚信的倡导者，在荀子的《荀子·为欲》中记载："凡人主必信，信而又信，谁人不亲？"荀子对国家的统治者提出了诚信的倡导，荀子希望统治者需要有诚信的基本的品质，这样才可以招贤纳士，才可以得到人民的支持，才能够巩固江山。宋代的理学家朱熹曾经讲过"真实无妄谓之诚"，从此方面可以看出，朱熹这位理学家号召要遵从实实在在、必然的东西。在众多的品质中，"诚"是所有品质中很重要的基本的知识，在进行所有的行为时，诚是最基本的条件。

由此可以看出，在我国古代，传统的诚信观主要是建立在血缘关系上的。但是，现代社会的诚信观是建立在以市场经济为基础的社会主义社会的基础方面的。强调信誉，能够坚守行业底线。另外，彼此要做到诚信交往，营造出良好的人际网络关系。诚信也被当成是网络社会中交往的黄金标准。很多微信传播过程中伦理失范问题的产生，正是因为在网络虚拟性的掩盖下出现大量的欺骗与不诚信。儒家追求的"修身、齐家、治国、平天下"很大程度上是取决于自身诚信的程度，在这一点上来说，儒家把诚信原则推崇到了一个至高无上的地位。儒家讲求的诚信更多的是依靠自身的修养来实现的，即自律的方式来实现。我国的传统文化中，在每一个朝代都将诚信作为优良的道德、崇高的人格价值的追求还有进行人际交往的最基本的原则。2000年时，党中央颁布了《公民道德建设实施纲要》，在这一纲要中，将"诚实守信"作为最基本的道德规范；在2005年时，党中央明确提出了"建设社会主义和谐社会"的号召，这其中将"诚信友爱"作为基本的内容；在2006年时，胡锦涛同志提出我国社会建设的社会主义荣辱观，在"八荣八耻"中，明确地将"以诚实守信为荣"作为基本的荣辱观；现在，我们明确提出社会主义核心价值观，分国家社会和个人三个层面提出了24个字的价值追求，诚信依然赫然在列。对于当今的网络传播使用主体而言，诚信更是必不可少的。现代的诚信观是在传统道德观的基础上，在内容方面不断进行融合，不断形成新的诚信观。这也是目前网络传播中道德准则和规范体系建设的重要理论基点之一。

首先，现代的诚信观主要是建立在平等上。在社会主要活动中，人们不会受到"三纲五常"等众多封建伦理的限制，在进行社会交往参加经济活动时不会受到身份地位的限制，可以人人平等的开展一系列的活动。

其次，在现代的诚信观中，比较看重他律。之前的诚信观依靠的是道德上的自觉，这来自人们道德上的良知以及自我的约束行为。但是在现代的诚信观中，比较重视的是他律的作用。例如，通过法律的手段对经济秩序进行调节。在经济快速发展的今天，诚信不仅仅是道德方面的范畴，已经扩大到了法律范畴。经济中存在很多违反诚信的问题，例如有假冒伪劣的商品，通过欺骗来获取经济上的利润。这些问题仅仅依靠道德是不能够解决的，需要用法律来明确约束。人们进行自我控制的能力不足，大多数人不能依靠自觉做到"吾日三省吾身"的要求，不能对自身进行严格的自律，需要他律来对自身进行约束。

最后，现代的诚信观主要讲究的是利益优先。传统的诚信观是一种道义的行为，不以功利为前提。但是随着经济的不断发展，进入市场经济黄金发展时期后，人们的诚信观成为在利益因素的诱导下，不断追逐市场利益是经济快速发展的动力，人们进行经济的目的是为了商品的使用价值而不是商品的价值。因此，在现代社会的经济中，人们所追寻的是经济社会中基于利益方面的诚信观。

除了诚信这一重要观点之外，对我国当前网络社会空间治理，建立起一整套行之有效的道德规范具有重要意义的观点是关于"和谐"的观点。从《礼记》中提出的"大同社会"，到之后的"文景之治"，从唐朝提出的"贞观之治"到清代时的"康乾盛世"，从孙中山提出的"天下为公，世界大同"的局面到社会主义社会提出的"科学发展观"，不难看出，人们始终在不断地追求和谐的社会形态。

其实，在我国古代社会，就非常重视"和"的思想。在《国语》《左传》中，提出了"和五味"和"和六率"等方面的记载，在这里的"和"是调和的意思。在《论语》中，记载了"礼之用，和为贵"的思想，"和"是适中的意思。在《尚书》中记载了"百姓昭明，协和万邦"等句。在《左传》中记载了"时顺而物成，上下和睦，周旋不逆"等句。《孟子》中记载了"天时不如地利，地利不如人和"等句。在《礼记》中记载了"人之所以群居和一之礼尽矣"。同样在先秦的资料记载中，也有很多关于对"谐"字的记载。在《尚书》中记载了"八音克谐，无相夺伦，神人以和"。在《周礼》中记载了"调人掌司万民之难而谐和之"等，这些方面的"谐"是调和以及合的意义。

在对于"和谐"二字的研究方面，古代的先贤们认为，人类需要和自然界和谐共处。在《春秋繁露》中写到了"和者，天地之所生成也"。《淮南子》中写有"阴阳合和而万物生"的语句。可以看出古代文人学者们认为大自然是人们赖以生存的场所。因此，人类需要保护好大自然，与大自然和谐相处，这样大自然才可以为人类谋福利。这些充分体现了古人的"天人合一"的思想境界。在人与人之间的关系上，古代传统的观点讲究"以和为贵"。孔子号召他的门徒以及老百姓需要做到"爱人"、要做到"己所不欲，勿施于人。"对于人际关系的核心而言，最主要的是儒家的"贵和"思想。

我国传统的道德思想中诸多观点，在一定程度上有利于古代社会的政治、经济和文化的健康发展。社会进入近代以来，康有为在《大同书》里强调了要不断地建立人人相亲、人人平等以及天下为公的和谐的社会。进入社会主义社会后，党中央高屋建瓴地提出建设社会主义和谐社会，凸显了我国传统伦理道德思想中"和谐"的重要性，并结合社会发展现状对和谐思想进行了丰富和发展。

在党中央的十六届四中全会中，提出《中国中央关于加强党的执政能力建设的决定》，提出要在2020年的时候，将小康社会建设得比 2000 年的时候实现六个"更加",其中有一条就是"社会更加和谐"。这是第一次提出来构建社会主义和谐社会的理念。在十六届六中全会中,专门提出了《中共中央关于构建社会主义和谐社会若干重大问题的决定》,在此决定中,对构建社会主义和谐社会不断地进行完善,提出了"要借鉴人类有益文明成果,倡导和谐理念,培育和谐精神",不断地加强理念和精神的培养,从多方面不断地完善社会主义和谐社会的理论。对"和谐"进行了新的诠释。这方面的"中和观",在群众中也很好地形成了"尚中贵和"的理念,主要是依靠着立身处世的方式,正确的对人民群众的矛盾进行处理,有效地促进社会主义和谐社会的发展。在社会主义和谐社会中,人们所期望的社会形态是民主法治、公平正义、诚信友爱、充满活力、安定有序以及人与自然和谐相处。这也正是网络社会治理所期许的美好愿景。

在这其中,人和社会的和谐共处主要表示为人与政治、经济还有文化的和谐共处。具体论述:人与自然的和谐是社会主义和谐社会的和谐,社会的和谐发展需要以客观的规律为基础,从自然界中不断地有规律地获取人类所需要的物质。人与人的和谐相处是核心,因此人们在处理问题时需要公平、平等的进行分配,让每个人都得到自己需要得到的利益,减少矛盾的发生。在社会主义和谐社会的构建中,物质文明有着基础的作用。精神文明提供智力的支撑体系,政治文明创造良好的环境。在经济上提出公平观、提出平等的竞争的机会,不断地对利益进行分配,最终达到消灭剥削、消灭两极化的目的,从而实现共同富裕的目标。形成一个"学有所教、老有所得、病有所医、老有所养以及住有所居"的和谐社会。这些优秀的思想理论成果对于网络社会治理，构建新型的网络道德规范体系有着重要的借鉴和参考意义。

2.4 交叉领域理论成果的有益鉴照

网络传播伦理失范问题的研究不再局限于伦理学、传播学的范畴，特别是对于失范现象的分析和原因的探究，以及道德规范体系的建设，更是涵盖了心理学、教育学和社会学等多学科的知识，因此，研究的过程中需要不断借鉴相关领域已经取得的优秀的研究成果。

康德的义务伦理论。这源于其长期的革命斗争实践经验与思考。是建立在价值论基础上的用以规范人行为的基本理论。无论是在现实生活中还是在虚拟网络社会中，社会成员始终处在一定的社会关系中，其行为就必须遵循一定的社会规范与制度，这种对社会规范与制度的遵循也是有效建立和谐稳定的微信权力结构的重要依据之一。总之，以微信为代表的网络传播基于基本的义务道德约束，这种道德约束根植于人类长期伦理的演进过程中。遵守网络道德是一种义务，即必须遵守的网络道德规范，每个人都不例外。

尤纳斯和伦克的责任伦理。责任（Responsibility）在西方国家已经存在了很多年，它主要以伦理学的最基本的范畴而存在。但是每当提起责任伦理学时，会想到汉斯·尤纳斯（HansJonas）。1979

年，他在 *The Imperative of Responsibility：in Search of an Ethics for the Technological Age* 里面，第一次指明了"责任伦理"这个思想。从本体论的角度对责任的问题进行了阐述，对具有传统价值以及时代性意义的对谁、对什么、谁来进行负责的问题进行了分析回答。

技术与责任。在德国，第一个对技术方面的责任和伦理问题进行研究的学者是著名的技术哲学家汉斯·萨克塞（HaasSaehsse，1901－1992）和汉斯·伦克（HansLenk）。汉斯的《技术与责任》是第一本对技术和伦理的问题进行研究的分析的专著。此书中，汉斯提出了建立一个"未来学"，这个学科满足当代的技术上的实际、有很强的可操作性，而不是之前在研究中都有的科学主义。主要强调的是进行决策时，要能够有效地忽视这其中的非理性的方面，要重视技术方面的发展，要能够有效地预测未来。汉斯提出了"主体间的伦理"理论，主要想传递的是，科研技术工作者要加强职业道德作用的发挥，要重视科学技术的传播，还要进行多学科的协调与合作，让科研人员不仅在思维上发生变化，也在行为方式上有所改变。

结合尤纳斯理论的基础上伦克对"责任"进行了更深层次的分析，产生了新的理论。这些问题可以分为十点：技术是应该履行的义务。当由于技术的支配性所引起的责任时，还需要有关心和保护的责任，此方面的责任是需要集体进行承担的。这些责任是为了下一代的人与生物而存在的。在必要时，需要对下一代的道德和法律的权利进行扩展。需要明确地划分责任的类型，确定出优先的原则以及解决的战略性问题。进行可以控制的鉴定以及社会程序等，可以有效促进机构、企业以及国家的责任的形成。科学家还有其他研究人员对于责任上存在的问题主要是进行预防。人类需要理智地对待技术。对伦理进行反思时，要靠近现实。在职业培训中，需要增加对技术以及研究人员的伦理教育。

尤纳斯和伦克的责任伦理着重强调了责任在伦理中的重要价值，责任又可以分为个人责任、企业责任与社会责任，责任的价值在于践行。这种践行在以微信为代表的网络传播道德伦理规范建设中的重要性同样不言而喻，在网络传播过程中，个体首先要践行责任，这种责任本身就蕴含着道德伦理的成分，它要求使用者时刻铭记自身应该遵守的道德伦理规范，责任就是伦理的底线与基本要求，为此，网络传播主体需要不断地进行自身道德伦理素养的学习，增强责任感与责任意识。

施拉姆推出的大众传播模式，此模式基于奥斯古德循环模式，施拉姆于1954年正式提出了大众传播过程模式，这一模式首先出现在《传播是怎样运行的》这篇文章中。此模式的主要特点是信息传播具有双向循环的特性，换句话讲就是，信息不是单向流动的，信息是有对应反馈的，信息的反馈以信息本身全部传递给信息的发送者以及信息的接受者。除此之外，相较于之前的单向传播理论而言，大众传播模式具有重大的进步，在于信息发布以及信息接收双方的相互转化。这一转换一反单向传播理论一家做主的独大局面。单向传播模式很大程度上限制了信息的有效传播，在一个完整的传播过程中，如果信息发布者知识将信息发送出去，而无法获得信息接受者的接收情况（包括是否接收到有效信息，对于信息的反馈），那么此次信息传播过程就是失效的，没有意义的，因为没有反馈，管理者就不能了解民众的真实意愿，进而影响路线的修正与优化。当然，同单向传播模式相同，在具有诸多优势的同时它也具有一定的自身缺陷。首先，实际生活中信息发布者与信息接受者的社会地位的不平等性，使得信息发布者与信息接受者地位难以准确界定；其次，此模式虽然具有点对点、面对面的特点，能够很好地体现人际交往的各个方面，但是普适性还有所欠缺，不能完全试用。

信息的特点是可以共享，人群可以从各种渠道获得海量的信息，加以识别预筛选，选择自己想了解的资源被自我所用。但是传统的单向传递模式无法实现这一需求，限制了信息共享以及最大化地利用。施拉姆的大众传播理论是新闻传播理论发展的一个重要节点，他的理论改变了传统的单向传播理论，而是将信息发布者与信息接受者二者通过信息双向反馈机制结合起来，使得二者成为有机的可循环整体。实现信息发布者与信息接受者的优势资源相互利用和优势互补。信息发送者通过反馈回来的信息做出相应的调整。反馈机制的出现，加速了信息的传播，完善了信息传播系统。

"使用与满足"理论与大众传播理论具有异曲同工之妙，此理论是传播学领域关于大众媒介效果与使用的理论，主要研究的是传播媒介以及受众的关系。"使用与满足"理论是传播理论史上的另外一个重要的节点，其特点在于，关注重点在于人类的自身需求与满足上。在人类漫长的发展历史长河中，人们为了生存、生活以及发展改变生存环境、改善饮食、改善世界，但是对于自身的关注度却很低，人类自身如果得不到满足对于社会的进步与世界的发展具有很大的影响力。只有人类在满足物质需求的前提下满足自身的精神需求才能给社会带来更好的发展。

"使用与满足理论"有 4 个基本的假设：

1）大众传媒可以满足人们的心理需求以及社会的需求，使得人们使用大众传媒的目的性得以满足。马斯洛提出的需求层次论告诉我们，人类的需求层次可以分为以下 5 类、分别是生理需求、安全需求、归属和爱的需求、尊重的需求、自我实现的需求。这五类需求可以展现从低到高的一个发展趋势。其中，生理需求是最初级的需求，而自我实现的需求，是 5 个层次里面最高级的需求。由这个过程我们可以看出，只有一步一步满足了各个阶段的对应需求，人类自身以及社会才能向更好的方向发展，这个过程不能跨越式进行，必须一步一个脚印实现。其中自我实现的需求作为最高级需求主要体现在自我价值的实现、社会的接纳以及社会的认可三个方面。此阶段的达成，使得人们感受到自己存在的社会价值以及被认可感，除此之外还有成就感。将马斯洛的需求层次论与使用与满足理论相结合可以得出：信息的接受者在媒介传播的过程中，同时也完成了自我价值的实现，主要包括人们尊重的需求、受众安全的需求、受众自我实现的需求以及受众归属与爱的需求。现代社会网络发展飞速，人们对于网络的依赖程度也到了前所未有的程度，如果说不吃饭人类还能存活 21 天的话，那么在当今社会，没有网络，3天就会导致许多人发疯了。当代人将网络视为安全感的归属地，网络带给他们前所未有的安全感，是他们的守护神。仔细分析，人们离不开的不是网络，而是网络带给人们生活上的诸多便利，网络包含了海量的信息以及资源，涉及生活工作中的方方面面，例如政治动态、社会新闻、旅游购物、娱乐游戏、交友出行等，此类服务型媒体的迅速发展使得人们越来越依赖网络。网络拥有现实社会不可比拟的优点，给了人们极大的自由度，在这里人们可以匿名发表言论，具有很大的开放性。在这里，真实社会归属感差的人群可以找到自己的归属感，感受到融入社会的温暖。互联网平台相较于传统平台具有不可比拟的优势，提供了一个开放的交流环境，每个人可以在这里找到归属感、尊重感，极大地满足了每一位使用者的自尊心。在这个平台上可以大胆地展示自我，实现最大化的自我表达。越来越多的网络平台使得人们各个方面的需求得以满足，随着网络技术的不断提高，需求的满足程度也会不断发展。

2）随着网络技术的不断发展，越来越多的网络平台出现在人们的网络生活中，他们各自有各自的特色，每个平台都有自己特有的优点和一定的缺点。种类的繁杂使得我们在选择时需要对各种平台进行甄别，以免误入歧途。要想做到准确甄别，首先要提高受众群体对于是非的明辨能力。其次是受众必须理解自身最为深刻、准确的实际需求，进而进行准确的自我定位。人们要根据实际的传播需求进行传播定位，进而选择适合自己需求的媒介来进行传播行为，如此一来，便能有效地提升传媒的效率，为受众节省大量的宝贵时间，使得整个传播过程更为顺利地进行。总而言之，在传播活动进行当中，受众的自我需求一定要与媒介的使用有机的结合。

3）人类需求是多样的，覆盖很多方面的内容，传播媒介可以满足部分的需求，但不是全部。这样就要求媒介要与其他的传播方式在满足受众需求方面进行竞争，马斯洛在需求层次理论中提道：人是一个发展变化中的个体，每时每刻、每天每月、随着周围环境而变化，个人境遇的变化，人类的需求随时随地都在发生变化。作为满足人类需求的工具之一，大众传播媒介仅仅能满足人类的部分需求，即使在传媒发展迅速的今日，日新月异的更新速度也跟不上转瞬就发生变化的受众需求。不仅如此，随着社会的不断变化以及经济的加速发展，各行各业都存在激烈的竞争，优胜劣汰的市场规则以及适者生存的社会法则，使得传播媒介面临巨大的生存以及发展压力。人际交往传播以及上门拜访等方式就是强有力的对手。因此，传播媒介应当努力学习其他传播方式的优点以及长处，并且汲取它们的经验教训和不足，自我进行不断更新改进，力争在新时代飞速发展的条件下，进行媒介形式与方法的创新。

4）现今的研究资料大多来源于受众提交的报告，人们都是理性人，这也与马克斯·韦伯的理论假设相统一。理性的受众所包含的含义是，人们十分了解自己的动机以及兴趣，并且均处于自我牟利阶段。不仅如此，还能够准确表达自己的需求。有了这样的前提，研究人员就可以在受众的调查答案中，清楚准确地对使用媒介的目的进行合理推断。马克斯·韦伯（德国著名的社会学家）在关于社会人都是理性人的假设中这样表述：在现实社会中，社会的每一个组成成员都是具有理性思想的理性人，理性人即具有理性思维与理想精神的人。理性人的理性思维有一定的系统性，这种系统性是有差别的。有的人理性思维的系统性高深，有的人相对次高深一些，这实际上还是一个结构化深度的差别。

要有理性思维，就要有一套完整的知识树状结构体系，且它本身是连贯的、全面的、有血有肉的。相对而言，感性人即思维还处于感性阶段的，没有上升到理性思维的人。此种人没有理性精神可言，因为他的思维结构完全是片面的，是不完整的，知识体系也是不系统的、缺失的，是不充实的。二者相比较，理性人对于自己的目的以及兴趣更加清楚，并且可以明确地表示出来，虽然表达方式多种多样甚至千奇百怪，但是在经过调查人员的推理后还是能够推断出使用媒介的动机的。

第三章

微信传播的机理分析

本章节在国内外现状分析以及相关理论分析的基础之上，对微信传播主要元素及传播机理进行分析。从微信传播的主要元素、传播方式、传播优势以及传播特点等方面逐层切入。

3.1 微信传播的主要元素

微信传播的主要元素也被称为微信传播的主要要素，即微信传播是由哪些具体的基本要素构成。微信传播作为一个传受双方互动交流的过程，它借助于互联网这一现代化技术平台，实现双向互动的传播。这一传播过程的有效进行，要求与之相配套的元素或要素必须存在，并且按照一定的规律进行组合，相互发生作用和联系。从传播者信息的发出到接收者信息的反馈，这一过程看似简单，其中却经过许多元素信息的加工、转化，才让我们看到解读后日常生活中呈现的信息。结合其他网络传播要素的构成，可见，微信传播的主要元素包括微信信息内容、信息来源、使用者及使用动机这几个方面。下面分别就不同的元素构成做详细的介绍。

3.1.1　信息来源

信息来源，即微信传播过程中信息的源头。我们所处的社会，每天都有大量的事情或者事件发生，这些事件可以成为很好的新闻，也就是微信传播过程中的信息源。社会上的事件大体上分为两类，一类是积极方面的事件；另一类是消极方面的事件。因此，传播媒体敏锐地捕捉信息源并第一时间给予报道就显得非常重要与必要。在对信息来源的方面、用户进行传播时，涉及的网络传播伦理规范的准则主要有以下几个方面。

1）信任

信任主要是一种心理，在社会关系中信任表现为依托的关系，主要表示的是一方对另外一方的信赖程度，一方可以和另外一方进行互动，并且还可以将一些重要的信息以及实体方面的物体交代给对方。在人们进行日常的人际关系的交往中，信任作为人类行为影响的最主要的要素可以指导双方行为的倾向性，在产生信任后，人们可以对事物以及人产生不同程度的依赖，彼此之间存在很长久的关系。

在社会关系中，当人们的关系在高度信任的情境状态中时，人们更加想要积极进行信息的交换。在信息的交流互动中，信息的共享也是某种程度上的社会交换，因此，在进行信息的交换时，需要对彼此之间的信任进行研究。之前有学者提出了这样的观点，因为信任，在用户之间存有一种特殊的交换的关系，这种特殊的交换关系是信息共享人彼此信息质量的保证。由此可以见，在社交平台信息共享的行为中，信任是很重要的一个影响因素。

2）信息发布者权威

将信息发布者的权威作为考察微信用户对信息内容来源的可靠性、可信任的程度进行研究的很重要的指标。这是因为，信息发布者的权威性，主要指的是用户对信息内容及其发布者的评价。

当用户不能或者不方便对接收到的信息内容做出精细的判断，那么他们会倾向于选择其他的路径来对内容进行判断，如信息内容来源。同时，所构建的模型还针对信息来源可信的程度进行了分析，在这其中研究的变量是胜任。胜任所表示的意思是信息接收者从专业能力和精神的方面对信息来源的人士进行研究，当信息接收者相信信息来源人士具有传播这些信息的能力时，他们就很欣慰地接收了所传播的内容并且相信这个内容是正确的。

3）信息转发的次数

微信是凭借着智能手机的平台建设、结合了之前传统的短信消息、发送彩信的功能以及飞信中所涉及的语音通信的功能，在这些功能的基础之上，又结合了新的视频功能而形成的新媒体技术。同时，在微信中还对语音功能以及视频的功能进行了升级，可以实现即时的通信，添加了朋友圈分享的功能。这些新技术的结果，大大地提升了用户的使用体验，也就增加了用户使用微信的频率。因此，从微信传播这个角度来看，信息共享可见次数与信息共享行为存在一定的关系。

3.1.2 信息内容

微信的内容即微信传播的消息。在当前的信息化时代，最有价值的资源无疑是信息资源。信息资源以其无形性、时效性、海量性特点，成为当前网络传媒行业的新宠儿。对于微信传播的过程，信息的重要性不言而喻。每天，人们一觉醒来都面对着铺天盖地的信息，这些信息有些是对个人生活工作息息相关并且有用的，有些则与自身无关。可是，这些信息大多数都会经过微信平台朋友圈或者公众平台推送的方式，渗透使用者的日常生活。信息最大的价值在于其时效性，对于同一个信息，不同的媒体都会进行相关的报道，其报道的内容大同小异，那么各类媒体最大的差异性在哪里，答案就是其时效性。比如说，日本海啸地震这一个信息，腾讯微博、凤凰网、新浪网等都进行了相关的独家报道。那么给我们印象最深的是哪一家的报道呢？往往就是第一时间发出这一消息的媒体。因此，在当前网络传播的过程中，微信也在与其他同类的传播媒体争分夺秒，渴望抢在其前面寻找到有价值的社会热点新闻，通过自己的方式，第一时间让其使用者了解到社会最新的动态信息。所以，信息是微信传播过程中的起点，也是微信传播过程中的命脉之所在。以下几个方面则会影响微信传播过程中讯息可能涉及的网络伦理问题。

1）隐私信息

微信用户在微信平台上填写了很多个人数据和私人信息，如管理不当，很容易泄露出去，造成信息安全隐患。从技术层面来看，微信这一信息技术在进行运作时，能够通过接收被加入的病毒程序的新信息，对用户的手机进行侵犯，造成用户个人信息的泄露或者是手机被监控。伴随着微信技术在智能手机中的广泛应用，这方面产生的安全性的问题也越来越严重，用户手机中存储的其他用户的信息手机电话、短消息上的内容、保存的资料等都会被窃取，严重威胁用户的信息安全以及公共社会的秩序。

2）虚假信息

微信平台是一个信息交流、传播平台，很多流言、谣言隐匿于此。有信息传播的地方，就会有虚假信息的出现，这是信息传播中的必然产物。

尽管诚信问题至关重要，但在目前网络传播活动中仍大量存在着诚信缺失的行为，一个重要的表现就是身份欺骗。由于网络传播总是借助于虚拟平台来进行，在这个过程中，人们往往用虚拟的ID进行交往。这种虚拟的身份掩盖了人们的真实身份，增加追惩的成本。于是一些别有用心的人就利用这种身份从其他网民那里获取自己所需要的信息或者从事其他非法活动，从而造成他人的损失。另外一个诚信缺失的表现就是网络诈骗行为的存在。这也是网络诚信缺失最严重的体现。一些网民利用网络发布虚假信息，或者利用网络发布虚假广告、垃圾邮件，诱使人们点击相应的链接，从中套取他人的银行账号、用户密码等信息，通过窃取这些信息进行诈骗等非法活动，谋取不正当利益。

根据网络谣言传播的途径以及本文研究的侧重点，可简单划分为传统网络谣言和微信谣言。微信谣言较传统网络谣言的传播性更强，传播途径更便捷，信息传播速度更快。普通用户之间的谣言传播属于误传，就是自身没有分辨清楚信息的真实性，就妄自转发传播，这会让更多的人处于误信状态或者导致迷茫，像现代科技、食品健康、安全环保等社会各个领域都有谣言传播的案例。

普通用户之间的谣传往往没有其明确的目的，而特殊用户的谣言传播，其目的就比较强烈，比如有的出于企业为了达到盈利的目的散播谣言。政治类的谣言因其涉及国家政治安全和国际间政治力量的博弈，是个更为复杂的内容，不在这一章节研究之列。

3）低俗信息

根据我国互联网络信息中心（CNNIC）于 2018 年 1 月发布的第 41 次《中国互联网络发展状况统计报告》显示，"网络娱乐"是网民运用互联网的一个重要方面。然而，在网络传播过程中，"网络娱乐"在不断地异化，娱乐成为了网络低俗内容的借口。网络传播的快速便捷带给人们前所未有的方便获取信息。与此同时，网络传播的信息良莠不齐，一些信息发布者为谋取私利，便发布那些能够迎合受众、吸人眼球的低俗信息。这些信息不仅污染网络环境，占用了大量宝贵的网络资源，而且对一些重点人群如青少年造成了极为不利的影响。在低俗信息的传播中，又以色情、恶搞、暴力等信息最为人们所唾弃。

4）推广信息

广告的困扰。网络广告很多采用自动弹出的方式，网民在打开网页时总是要弹出广告，人们如果要正常的工作，就必须先关闭这些广告界面，在反复点击鼠标关闭这些广告窗口的时候，既感到费时也觉得厌烦。微信在发布之初还没有推送广告，但是随着微信营销的发展，很多商家瞄准了朋友圈这个有效的广告平台，微信也适时推出了弹出广告这一功能。与传统媒体相比，网络广告特别是弹出类的广告的监管更为困难，其中的虚假广告也尤为严重。网络广告常常采用夸大其词的说法，用诸如"最佳、第一、最优"等《广告法》明确规定禁用的字眼做广告，极易诱导人们轻信这些广告进而上当受骗。

3.1.3　信息形式

微信信息形式包括了语音、文字与视频等，这三种主要的信息形式表现在微信的聊天功能中。微信最典型的也最吸引用户的功能就是其独特的聊天功能。微信开发者一直在致力于对微信功能不断开发完善，可以为用户提供多种形式的信息传递方式，包括语音、文字、小视频及图片（静态和动态）等，用户在微信上可以选择任意一种喜欢的方式进行沟通交流、传播信息。微信发展的开始阶段最具有吸引力的特征就是语音聊天，正是因为这个独具特色的功能，才能使微信一经推出就可以有大量的使用群体。微信在发展的这个进程中，不仅有语音聊天，还具有两个人之间的对讲功能。如果一个微信使用者打开自己手机的对讲，就可以让其他好友加入聊天，从而促进微信信息的传播，而这个功能要是只用户有网络的情况下都可以用的，这便是微信的对讲功能和语音功能的最大区别。

微信具有的这个功能更能满足中国人沟通的要求，在语音聊天的时候，用户能够清楚辨别发送者的声音、心情以及说话态度等，相对其他交流方式，微信的使用者更加容易判断出信息的可靠性，进而更好地把握这些消息。经由语音发送的消息更容易被接受，也可以减少微信使用者之间的意见不合的情况。微信使用者用语音进行交流，可以更高效地接收彼此传送的消息，这样就使得微信使用者的信息交流以及微信信息的传播更加便捷。跟随微信的发展，微信的用处越来越广泛，使用的领域也越来越多。微信使用者可以使用多种措施自由选择是否添加好友，如通讯录等，基于这些方式，微信使用者可以通过通讯录或者其他社交平台中的好友来增加好友，因此就可以拥有大量的好友群体，并且不用通过各种方式来寻找，这就为微信使用者节省了大量的时间和精力。微信的这种广泛的社交特性只有通过很多人才能体现出来，当许多人都用它的时候，它的效用才能最大程度发挥。

同时，微信也有不同于其他平台的独立特性，如可以使用微信的"摇一摇"加好友或者与一些媒体平台互动，还有其独特的发送位置功能，微信还有"漂流瓶"、朋友圈等，这些都能得到年轻使用者的青睐，因此微信使用者在使用微信的时候，对微信的依赖程度也越来越高，并且这个也教育扩展了其社交圈，给微信使用者提供了一个可靠的交流工具。微信使用者拓宽自己的社交圈，从好友到不太认识的人进而到一些不认识的人，凸显了微信聊天功能的强大性。

3.1.4　用户主体

微信的使用者也称为微信的使用用户。如前文所述，微信作为一款新型的社交传播类软件，以其便捷性、私密性、可操作性等鲜明的特点，一经问世，便迅速地占领了互联网即时通信的广阔市场。这种占领体现在速度快、受众多、范围广等各个方面。首先从微信使用的"速度快"来看，微信自 2012 年问世以来，短短几年时间，它就完成了对传统社交交友类软件的依次超越，这些传统的社交交友类软件包括腾讯 QQ、陌陌、人人、新浪微博等。在把它们大力甩在身后的同时，微信似乎并没有要停下来的意思，而是大有将其淘汰、独孤求败之势。这么快的普及速度，是以往任何同类社交类软件从来没有做到过的。其次从微信的受众多来看，微信自从问世以来，其用户数量实现了井喷式的增长，并于去年成功突破 8 亿人的大关。如此众多的使用用户，构成了微信最忠实的受众方。他们在实际使用微信的过程中，总是在潜移默化地为微信自身的品牌形象做着免费、动态的宣传。从性别结构来看，微信的受众方既有男性又有女性；从年龄结构来看，微信的注册用户既有年轻人，也有中年人，还有部分的老年人，尤其以年轻人数量居多。

根据 2017 年 12 月腾讯公司给出的微信 2017 数据报告显示，微信用户群体中每日发送消息总次数 95 后的用户是 81 次，老年用户 44 次，仅为年轻用户的一半左右。微信朋友圈发表内容原创占比，95 后用户为 73%，老年用户仅为 32%，也就是说年轻人更多是原创内容的信息源头。根据第 41 次中国互联网络发展状况统计报告，截至 2017 年 12 月，我国网民仍然是以 10—39 岁群体为主，占整体的 73.0%，其中 20—29 岁的网民占比例最高，达到 30.0%，10—19 岁、30—39 岁群体占比 19.6%、23.5%，与 2016 年底基本持平。报告还显示，我国网民依然是以中等学历群体为主，初中、高中中专技校学历的网民分别占了 37.9% 和 25.4%，综合年龄因素和学历因素，也是在后续的实证研究的问卷将对象主体选择大中学生的原因。因为用户主体是造成网络伦理失范的一个重要因素，科学的选择研究主体才能确保结论最终具有代表性意义。

微信传播中存在的伦理失范现象与其使用主体密不可分，原因可以概括为：

第一，用户的行为主体因素。

在现实社会中有法律法规和规章制度对人们的具体行为进行约束，同样，在网络的社会中，人们也需要相同的规章制度来进行约束和规范。使用这些规章制度来对网络行为、共同体以及这其中的社会规则进行构建。当人们在使用网络时，网络中传播关系所组成的结构也在发生着变化。人们需要及时地掌握网络模式的变化和更新。由于网络具有数字化以及虚拟化的特征，在现实生活中习惯的人们不能够在很短的时间内适应网络社会中所产生的新变化，很容易形成不同价值观、不同角色的变化。从而会产生多方面的冲突和矛盾。这就导致了人们会感觉自己生活在虚拟的、不真实的世界中，不容易分析真实的事物，从而造成了使用主体特别是青年学生在传播过程中迷失在道德上的问题。这一迷失可以概括为：

首先，网络道德人格的缺失方面。在微信给使用主体带来方便的同时也产生了很多消极的影响，例如，使用者可能不能全身心地投入到自己的工作和生活中去。在生活中遇到问题后，他们会通过网络来寻求解决的办法。网络中有各种误导性的价值取向和思想，还有扭曲使用者人格的可能性，造成微信使用者的极端性格和个人主义倾向。

其次，网络道德评价的混乱方面。在网络上，每个使用者或者叫作接触网络者的身份都是网民，在现实的生活中他们同时还具有真实的身份。因此，网民就具备了两个身份，在网络上的道德和现实社会中的道德会共同监督网民的行为。显而易见，网络和现实的道德上存在很多方面的不同，这就给网民的网络传播行为造成了很不好的影响，同时还可能改变网民的价值观以及道德上的认知，对使用者的道德评价标准产生很大的冲击，当情况恶劣时，就会因为网络行为中的道德失范而形成犯罪。

最后，网络道德意识的弱化方面。由于大多数网民只是具有一定的生活常识和法律常识，特别是青年学生群体，往往缺少一定的辨别是非的能力，这就导致这一群体道德意识方面受到消极影响从而产生弱化效应。

第二、用户的心理因素。

由于网络的虚拟特性，网民在使用网络的时候会存在一种错觉，认为自己不需要受道德的约束。因此，他们在使用网络的时候，会在这个虚拟的空间中将现实生活中的压力进行释放，忽视网络上的道德约束的存在，导致使用者在网络行为上发生道德偏差，出现道德失范。主要表现在以下几个方面：

一是在微信中加剧了逃避困境的心理。

通过微信，人们可以进行情感的交流，让使用群体凭借着这一网络平台可以对自己的情感进行释放。但是，这个环境的存在在一定程度上可能会让使用者产生一种依赖感，一旦离开这个环境，就会对现实身份和处境产生无力感。在此情境下，他们不能正确面对现实生活中存在的问题以及困难，对网络产生很强的依赖性。

二是享受"自我实现"的心理。

对于绝大多数的微信使用者来讲，很多人每天都需要用微信进行正常的生活和社交，可以说，微信聊天已经成了他们生活的一部分。对出现这种现象的原因进行分析研究，发现是因为使用者认为通过微信聊天可以弥补他们在现实的生活中所产生的失落感，让他们在网络中得到别人的认可。特别那些在现实的生活中表现不是很优秀的或者被认为不是很成功的使用者，想凭借网络来实现自己的人生价值。网络作为一个虚拟的社会，在这个社会里人们容易得到现实中永远无法得到的身份、地位、成功、荣誉等所带来的满足，可以弥补人们真实生活中的缺陷。但是，人们终究要回到现实社会，扮演好自己应该扮演的现实角色，过度地沉迷在这个虚拟的世界里迷失自己，严重地依赖网络时，就不能正确地面对现实社会存在的问题，失去了人生路上的方向和动力。

三是网络社会可以满足"求而不得"等心理。

在真实的生活中，人们会遇到多方面的压力，为了防止自身受到伤害，人们都学会了伪装自己，并且结合现实社会的认同感以及默许的方式来表现自己的情感。在此压抑的情况下，人们面对网络的伦理道德失范时，首先会想到的是进行自我保护。因此，在网络虚拟的世界中，人们对自身的防御以及对别人监督的行为都会有所降低。在这样的情况下，人们会通过网络的虚幻性来对自己的情感进行寄托。

四是使用者的从众心理。

一般来讲，从众的心理指的是"在群里的范围中单独存在的自然要受到群体压力的影响，使用者在感知、评价、行为以及认知能力等众多的方面会和别人选择一致"。但是由于网络这个空间是巨大的，在这个空间中，会存在色情、暴力等方面的内容，特别是其表现形式可能是隐蔽的，用户不能够进行及时准确辨别不正确的信息。对于这些信息，网民缺乏一定的能力去辨别，就不能做出科学准确的判断，盲目地跟随就会导致失范行为的出现。

五是使用者会有侵犯报复的心理。

在虚拟的网络中，由于网络用户可以对自己真实的身份进行造假，有的人会觉得在网络中没有人认识自己。因此，会在网络中暴露自己的不良的情绪，在网络上对自己的负面情绪进行宣泄。更加严重的是，有些人会凭借网络进行犯罪，将自己在现实生活中伪装的情绪在网络中进行释放，沉迷在网络中，不能正常地和现实生活中的人们进行交流。对使用者来说，对其性格会造成很多的负面影响，比如孤僻少语、沟通困难等。在网络传播中，使用者心理被积压的负面情绪很容易会释放进而无限放大。一旦遇到反感或者不满，会迅速转化为一种侵犯心理，对对方进行语言或者其他形式的网络暴力。

3.1.5　使用动机

在微信传播过程中，使用动机非常重要。使用动机不当直接关系到微信传播过程中一系列网络传播伦理失范现象的产生。正确的动机则会有利于微信传播过程的发展；错误地使用动机则会对微信传播过程造成负面的影响。使用动机是针对传受双方共同而言的，广义地说，是针对所有的使用微信的用户而言的。这种范围上的定义使得人们对微信传播过程中的使用动机有了进一步的了解，也使得关于微信传播过程中的使用动机更加受重视与关注。当前许多的微信传播过程中出现的伦理失范现象，如以身份欺骗、网络诈骗为主的诚信缺失现象；以网络语言失范及网络暴力言论为主的言论失范现象；网络谣言不断、网络秩序失范现象；以色情、恶搞、暴力为主的低俗泛滥现象；对个人隐私权侵犯为主的隐私受侵现象；推送广告、强制链接下载、流氓微信号等现象的发生，很大程度上与微信传受双方的使用动机不纯有关，尤其是与微信传播方的使用动机错误有关。

微信传播过程中的使用动机主要是指微信传播过程中传受双方在微信传播过程中想要达到的目的。越来越多的人学会了逐利，这种逐利性使得微信在传播过程中主体秩序混乱，各种虚假信息满天飞、各种自私自利行径满街跑。使用动机上的错位使得越来越多的人成了微信传播过程中的受害者，而所谓的受益者仅仅占据了很小的一部分。因此，要想整治以微信为代表的网络传播伦理失范乱象，就需要从微信用户的使用动机入手，引导用户树立起正确的使用动机，从而实现和谐网络生态环境的构建与共享。

3.1.6 外部环境

1）社会管理方面

（1）组织内部德育教育的缺失

从学校的教育开始，不仅仅要教会学生使用电脑的技巧，更重要的是，要教会学生在使用网络中应该遵循的网络道德准则。只是一味地重视技能的掌握而忽视学生素质能力的培养，会让学生成为操作上的"奴隶"。同理，进入工作岗位后，所在的组织应该承担起一部分责任，无论是银行、医院还是工厂和科研院所，对自己内部人员都应该进行相应的培训和德育教育，这其中既包括保密教育，也包括维权教育，同时还应该将社会主义核心价值观的教育融入其中，起到规范网络传播言行的作用。值得一提的是，学校是德育教育的重要场所，需要加强学生应该遵循网络道德准则和行为规范的教育，这也是学生思想道德教育中的很重要的组成部分。

（2）社会中缺乏正确的舆论引导

网络舆论以及传统媒体形成的舆论都能够产生正面积极和负面消极的影响，虽然我国现在的网络舆论倡导的是正面的影响。但是，这个正面的概念却是模糊的，作用的发挥也很难估量，并且由于网络上存在多元化的文化观念，有落后的文化和先进的文化、地区的文化和世界的文化，这些多元的文化相互交织，很容易让使用者在这个大环境中迷失，不能找到正确的方向。因此，需要对网络舆论的形成和引导机制进行有效地完善。

（3）技术监控上的漏洞

由于对用户在网上的行为进行监控时，必须要有有效的技术行为，尤其是网络安全方面的技术行为。现在网络发展迅速，这一特性导致了网络技术安全的监控能力不能与网络的快速发展相互匹配。由于网络用户的道德水平不能有效防控，因此，需要依靠加强网络技术来实现网络治理的目的。当然，单纯靠技术手段解决网络传播失范行为的发生是不够的，需要更多的社会支持和道德教育。

（4）监管的缺位

经过几年的综合整治，特别是因为网络技术的发展和终端的普及，网吧已经对青年学生群体失去了吸引力。但因为家长的控制、学校的课业负担、网络游戏对于联网设备的要求等诸多因素，特别是随着直播的兴起，主题网咖的存在呈现发展之势。它们通常情况下隐匿于学校限制范围的边缘，为年轻群体提供直播场地和设备，由于网络直播监管的缺位，很多直播平台通过隐蔽式的端口成为藏污纳垢的场地，很多网络主播在直播过程中存在色情、暴力等倾向和不健康的言行，这些都严重地影响了网民特别是青年学生正常的学习和现实交友以及青春期的社交成长，甚至会诱导犯罪。净化网络空间、规范网络直播，需要工商、公安、教育等多部门的联动，作为监管主体在网络空间净化整治中不能缺位，要积极作为，才能为缺乏判断力和自控力的学生提供良好的成长环境。

2）网络道德建设

我国网络技术的发展和覆盖是十分迅速的，但是相应的规章制度发展的速度是缓慢的，严重地落后于技术的发展。由于网络上的伦理道德规范和传统的伦理道德是一种交替存在的社会现状，在网络上人们的行为暂时无法及时有效受到各方面的束缚，这一点与现实社会有巨大区别。网民在网上由于没有相应的法律的约束，就导致了网络失范行为利用违法成本低这个漏洞，进行各种有违道德规范和准则的网络行为。第二个方面就是网络传播中的失范行为和传统的道德规范存在冲突，它们之间的冲突具有双重性，这就导致了网络上的道德失范行为有存在的空间。因此，必须结合法律的手段和道德规制的方式对网络伦理建设进行调控，对网络用户的自身利益以及集体的利益进行保护。因此，需要迫切地开展网络社会伦理道德规范的建设。

3.2 微信传播的类型

与其他传统的网络传播媒介相比较，微信作为一种新生的传播媒介，一经问世就受到受众的一致好评，尤其是受到广大青年的一致好评。越来越多的人沉迷在微信带来的娱乐盛宴中无法自拔。微信因其便捷性、娱乐性成为新时期网络传播媒介的新宠。微信自诞生之日起，就在利用各种机会突出自身优势，以便与其他网络传播媒介区分开来，纵观微信的发展完善过程，不难发现，微信作为一种新型的传播方式，它既有与传统的传播媒介相同或类似的特征，也有其自身特有的特征，总体来看，微信传播方式具有如下的显著特征：点对点的好友传播方式、微信的传播能力强、传播渠道多、传播范围广泛、微信传播具有准实名制与个性化服务的"私人定制"、个人私密性和大众传播弱显性、零资费服务与强大的技术支撑的显著特点，同时也是基于上述传播特性，微信还存在一种不容忽视的传播产物——微信谣言。下面就这些特点及微信谣言一一进行说明。

3.2.1 点对点的人际传播

传统社会封闭性较强，社会流动频次少得可怜，人与人之间的交往一般不需要借助特别的社交的工具就能实现。与这种全封闭或半封闭的社会相适应，传统社会的传播媒介大多数是以面对面的形式来呈现的。这种面对面的社交形式，适用于社会流动性较小、社会整体相对封闭、人口相对稀疏的小农社会。伴随着现代科技的飞速发展，电子化、信息化浪潮带来的大数据集成了文字、图片、音乐、视频等多媒体信息资源，实现了教育、娱乐、推广等多种功能的完美结合。与这种浪潮相适应，互联网时代的数据传输采取的是一种点对点的数据传输方式。所谓点对点的好友传播是指数据以点到点的方式在计算机或通信设备中进行传输。在这里，数据是以信号的形式呈现的，是通过互联网进行传递的。因此，这种点对点的好友传播方式克服了以往刮风下雨等自然灾害的干扰，只要有互联网络的地方，不论身处异国他乡，不论是否曾经见面熟识，在互联网络这一传播媒介场域内，人与人之间可以随时进行双向互动交流。微信这种点对点的好友传播为未来网络传媒的发展指明了新的方向。

微信里面的好友大多数都是自己熟悉的朋友、同学、父母、同事、老师等，这些人有一个共同的特点，那就是都是生活中认识的人。因此，在添加微信好友的时候，一般会附加一个微信好友验证的环节。在这里，你需要输入微信好友验证信息，以此来征求对方的同意，之后才可添加对方为自己的微信好友。翻开微信好友通讯录，许多人在微信还没有问世之前就多次和自己产生过这样那样的关系，微信使用以来，点对点的传播更是频繁起来，大家借助于微信这一平台逢年过节发送问候、了解对方。这种点对点的好友传播无疑加深了彼此之间的了解，增进了彼此之间的互动。这种情感的维护与感情的倾注，在微信平台上活跃起来，从而开创了人类社交的新形态。微信点对点的传播方式突破了传统时间与空间的双重限制，它使得实时、实地的社交成为可能，人们不再顾忌时间的早晚、地域的远近，只需在微信上选中自己想要联系的微信好友，输入自己想要表达的信息，发送给对方就好了。对方有时间翻看微信的时候就可以第一时间接收到你发送的信息，并及时进行回复。如此一来，节约了传受双方的时间与精力，得到的反馈更加显得弥足珍贵。

与此同时，微信这种点对点的好友传播方式，并不局限于一对一的好友交流与互动。微信平台可以实现一对一、一对多、多对一、多对多的多种形式的互动。在微信平台上，自己可以选择与自己特定的一个或者多个好友进行单项或多项的交流与聊天，自己也可以通过创建微信讨论组、交流群的方式实现多对多的传播，使得微信信息传播的范围更加广泛、作用力更加强大，对微信使用传受方产生更深远的影响。在这里，我们尤其要关注在微信群组里面所进行的聊天互动，因为微信群里肯定有一些自己不认识或者不太熟识的人，通过添加对方为好友或者对方添加自己为好友的方式，使得点对点的传播方式不再局限于已经熟悉的同学、朋友之间的强关系的互动，而是把与自己弱关系的一系列的人拉进了微信群或者讨论组，共建了多方受众的点对点传播方式。这种点对点的集成传播，将会在更大范围、更广人群发挥更大的作用

3.2.2 朋友圈的群体传播

打开微信界面，会发现微信的功能多种多样，作为微信最主要的功能之一，"朋友圈"也是使用最为频繁的一项功能之一。微信朋友圈类似于微博或者人人"朋友圈"的界面，随时随地好友都在进行更新自己的状态，以此来显示自己所处的位置，所做的事情。发送"朋友圈"的初衷是为了显示自己的与众不同也好，是为了吸引别人羡慕的眼光也好，抑或是就社会当前的某一热点问题进行高谈阔论也罢，都在第一时间和远在天涯海角的微信好友进行了信息的分享。

微信"朋友圈"与微博、人人等社交媒介"朋友圈"最大的区别在于仅仅限于对自己的微信好友开放。也就是说，只有自己的微信好友才有可能看到自己微信"朋友圈"发送更新的内容。成为对方的微信好友是看到对方微信"朋友圈"更新内容必备的一步，从这里就可以看出，微信传播具有一定的私密性。因为，能够成为自己好友的微信好友大多数为自己生活、学习、工作中就早已熟识

的人，而对于一些微信好友以外的陌生人而言根本没有可能看到自己微信"朋友圈"所发送的内容。微信的这种私密性使得自己所发送的微信"朋友圈"的内容，仅仅局限在有限的好友范围内进行传播，微信好友或者点赞，或者评论，或者私聊，这些都是其私密性的具体体现。传受者自己则可以根据微信好友给予的一系列的反馈，比如点赞、评论、私信，及时进行回复，与自己的微信好友进行充分互动。另外，我们可以发现，自己原创性的内容，通过微信"朋友圈"这一平台传播时，微信圈内的好友往往只能点赞或者评论，而不能一键转发。这也是微信与微博等传播媒介明显的区别之处。如此一来，在很大程度上保证了自己所分享的微信"朋友圈"的内容只能让自己圈内的朋友、熟人见到，保护了自己的隐私，这是微信传播私密性的另一种重要的体现。根据使用微博的经验，许多人抱怨自己发布的内容，第一时间就被自己圈内的好友转发出去，如此形成了可怕的扩张效应，使得相隔万里的许多陌生人都可以看到自己的私密信息，感觉自己曝光在万众瞩目之下，由此带来的心理、思想压力可想而知。而微信在"朋友圈"的功能设置上很灵巧地规避了这一点，它去除了许多社交软件具有的转发功能，把传播者发送的内容局限在自己的"朋友圈"之内，避免了过度的扩张、隐私的暴露。

微信还设置了另外一个功能，即类似于屏蔽好友的功能。在发布微信"朋友圈"之前，自己可以通过选择"谁可以看"与"不想给谁看"对自己的微信好友进行筛选。按照自己的标准，把符合筛选条件的一类人归为一组，在发布微信"朋友圈"之前，可以选择定向可见或定向不见，从而保护自己的隐私行为。可以想象，当使用微信"朋友圈"的"谁可以看"与"不想给谁看"这个功能的时候，总归是有自己的原因与顾虑的，又不想让对方知道是在故意屏蔽对方。也许使用者发送的微信"朋友圈"内容本身隐秘性太强，只能允许关系十分亲密的人看到；也许发送的微信"朋友圈"的针对性非常强，或者就是针对自己微信里面的一个或多个好友的，那自然不想让这些人看到发送的微信"朋友圈"的内容；抑或本身打心底里厌恶或者不喜欢某些人，如自己的某些上级、老师等，不得已只能采取这种功能来屏蔽对方表现自己的这种厌恶之情。难能可贵的是，那些被筛选出来的被屏蔽的微信好友，一般都不知道自己被对方屏蔽了。运用微信"朋友圈"的"谁可以看"与"不想给谁看"功能的原因多种多样，但其设计者的出发点却只有一个，那就是充分保护微信传播者的隐私权。鉴于微信自身附带的上述功能，使得微信"朋友圈"具有半公开与私密传播的双重属性。

3.2.3　群聊的组织传播

微信派发红包有两种方式：一种是普通等额红包，一对一或者一对多的定向发送；另一种被称作"拼手气群红包"，用户设定好总金额以及红包个数之后，可以生成不同金额的红包，这样可玩性与游戏性大大增加。在笔者观察的 10 个样本微信群里（类别包括医生群、教师群、在校研究生群、记者群、亲属群等），大部分人在抢红包之前，怀着期待、兴奋与紧张的情绪，在红包指令发出的那一刻，微信好友一哄而上，先到先得，群内的活力瞬间爆发。由于打开红包前，用户并不知道自己抢到的红包里有多少钱，神秘感大增，在红包抢完的瞬间，关于红包话题的讨论度骤升，话题涉及红包金额、抢得红包金额最多者以及吐槽等。获得红包数额最多的人继续进行红包接力派送，同时设定新的红包游戏规则。通过微信抢红包活动，微信群成员的参与积极性被极大地调动，同时促进了好友间的互动交流，"使用与满足"得以实现。

网络调查问卷的数据显示，微信红包用户主体为"80后""90后"群体。但是1970年以前出生的这一群体也占据了微信红包使用群体的较大比重。我们在每个样本群里选择一名1970年以前出生的微信红包使用者进行访谈，在回答使用的动机这一问题时，答案为受其子女的影响以及个体对新事物的好奇居多。原支付宝首席产品设计师白鸦也认为，微信红包之所以取得如此巨大影响的原因在于微信6亿用户所形成的关系链及其中的账户关系，通过其年轻的用户主体，将大量的"70后""60后""50后"用户也拉入腾讯社交圈中。随后，笔者对所关注的微信群中1970年以前出生的微信红包使用人群进行访谈，发现1970年以前出生的人群虽然在接受与经济行为有关的信息和使用微信红包时，会显得相对保守和谨慎，但同样对微信红包使用具有积极性和热情。这部分人一般处于现实社会关系结构上层，也会积极寻求处于网络社会关系结构上层，那么就会率先对微信红包这一新产品产生诉求。由于依托微信关系的人际交往较为密切、信任度较高，发送红包会被其他用户争相模仿，呈现出"病毒性"传播模式，促使微信红包使用群体的范围扩大。

微信红包的推广，使红包中实质性的纸质货币借助这一应用转化为依托于个人银行卡上的虚拟货币，且微信红包的赠予和接受的形式是完全自由和自愿的。在笔者所观察的微信群中，红包的金额一般都没有具体的限定，选择包多大数额的红包，都由使用者设定后发出；而对方是否接受，什么时候接收，完全取决于对方的意愿。无论"给"还是"收"，这种依附在红包上的情感负担都被大大减轻，发红包者没有居高临下，收红包者也不必唯唯诺诺，红包成为一种真正意义上的纯粹的赠予。红包的派送对象从亲戚、同事、朋友、同学再到单位、组织、集体。由此带来了人际关系中两个最主要的变化：一是将送红包的行为从长辈与晚辈之间扩展到了平辈之间，二是通过技术手段卸去了此类人情往来中的情感包袱。这样一来，微信红包在无形之间解构了一种旧式的等级关系，同时也重新建构了一种平等、纯粹的熟人社交情感关系。这层社交关系网平铺直叙，呈网状结构。每个派发红包的个体都能在互动中找到自我的心理满足感、安全感和集体归属感。

微信技术的革新，使传统的红包赠予方式有了新的路径，已不限于面对面的相送。微信红包的广泛影响首先体现在对传统意义上红包发放方式的颠覆，通过好友之间互派数额不等的"虚拟"红包，进一步消弭了传统社会发放红包中辈分至上的语境，营造出了一种相对平等的红包传播状态。从传播学的视角分析，人与人之间的互动是依赖于传播符号的信息分享、互动和交流。

微信红包在传递中亦是遵循着这样的规律，传播符号的多样化发展越来越呈现出与传统红包中的人际交往趋同的形式。在红包发放的过程中，发放者根据不同情感的表达诉求，既可以在发送的红包上配上优美的祝福文字表达感情，也可以配发微信表情传递状态，还可以通过微信语音聊天来互诉衷肠，以此寻求更密切的联系。

以微信红包为媒介，通过对各种符号的组合与运用，实现对传播红包情景的塑造，将传播者之间阻碍感情交流的障碍尽量减少，让传播双方更加亲切地体会传播带来的亲切感和真实感。同时，寄托在微信红包上的数字又具备了皮尔士笔下的象征符号的意义，不同主体之间的红包互动变成了意义不同的符号互动。由于符号意义具有暧昧性，依托在微信红包上的人际交流在虚拟空间与现实空间不断地转换和循环，人们根据具体红包的个性，进入符号互动的特殊场域进行解读和交流。所以联系到微信红包发送的对象、数字、范围等都可以阐释出丰富的象征意义，当然其主要传递的还是寄托在传统红包上的象征意义。另外，微信通过从通讯录等现实关系导入，在熟人社交的基础上，微信红包再一次使人际现实关系向网络空间延伸。线上的微信红包成为线下实体红包的一种延伸和扩展，线下的传统红包的交流又对线上的虚拟红包进行促进和引导。以往的研究认为，微信首先实现了一种物理空间的全范围覆盖，是一个全方位、立体化的人际传播空间。基于微信的人际传播是将现实关系这种比较固定和成型的"旧事物"延伸到移动互联网这个"新空间"当中进行维系和巩固，是一种现实关系和虚拟关系的交叠。关系空间的构建是由微信红包这一特定的意义符号所构建。

　　微信红包使得每一个派送红包的微信用户处在空间的中心。在这里关系成为微信红包传播的渠道，又是其传播的驱动力，依托关系空间的微信红包在此语境下成为关系维系中较为关键的因素。这种点线结合的人际传播关系空间，在交流双方之间形成了一种基于关系的传播链条，使人际关系得到长久的维系。

3.2.4　公众号与订阅号的大众传播

　　与微信个人传播信息的渠道、特点与方式不同，微信公众平台所传播的信息具有更强烈的公开性，凡是已经关注了某个微信公众平台的用户都可以接收到微信公众平台发布的信息，并可以对信息进行点赞、评论与转发，从而扩大信息的影响力。造成这种区别的原因可想而知，微信公众平台一般都是由企业或者政府组织运营的，微信公众平台本身代表的并不是个人，而是一个组织或者机构整体的利益，它以扩大宣传效果为其运营的第一目标。想方设法扩大自身的影响力、号召力、感召力，吸引更多的微信用户关注自己的公众平台是运营者的理想追求，从这一点来说，对微信公众平台知道的人越多越好，转发的人越多越好。

　　近年来，随着微信的日益普及，微信公众平台的使用也越来越频繁，这里把微信公众平台分为两大类：一是个人性质的微信公众平台；二类是企业、组织或政府机构的微信公众平台。与网络微博上的"大V"相类似，在微信传播媒介平台上，也存在着类似的掌握着微信公众话语权的人物，他们引领着当前主流的舆论导向。为此，他们申请了自己的微信公众号，借助于自己的微信公众平台发布自己感兴趣的一些信息。这些信息包含着自己的个人创作、包含着日常生活中的所见所闻。与网络微博上的"大 V"相类似，这些人的言论具有一定的权威性，关注其的微信好友亦比较多。其发布的信息内容经过转发扩散，很快就能引起社会上很多成员的认同与了解。因此，他们的言论往往能够引起社会上很多人的反思，并有可能引发一系列的集体行动。因此，这部分人更需要谨言慎行，始终以高标准严格要求、约束自己的言行，切不可意气用事、见风使舵，造成社会秩序混乱。引导这些人借助微信公众平台，传播社会正能量，讴歌社会好人好事，就成为下一步监管网络传播失范现象的很重要的一个方面。听其言，更要观其行。对于处在虚拟微信网络公众平台这些"大 V"们更是如此。随时随地记录下日常生活中感悟到的点点滴滴本就无可厚非，但是因为其本身是公众人物，备受关注，其言论往往成为判断是非、衡量善恶的重要标准。在实际的微信公众平台推送的信息中，能够看到类似"中国人注意了""五月出生的人注意了"等明显带有价值倾向性的字眼。这种往往没有任何科学依据、不负责任的言论容易成为煽动大众情绪的导火索。

当前，人们生活在一个高风险的社会之中，对社会负面新闻的敏感程度更是显著增强。以苏丹红事件、三聚氰胺事件等为代表的食品安全事件，以医生私自收红包、济南假疫苗、莆田系等为代表的公共医疗卫生事件，以厦门 XP 游行示威、打砸抢烧日系车等为代表的非直接利益冲突社会群体性事件，宣告了高风险社会的来临。借助于网络传播速度快、传播范围广等显著优点，加之当前关于网络的立法不健全等,一些心怀不轨之人往往利用微信公众平台来发布一些蛊惑人心的推送文章,以此来点燃民众敏感而脆弱的神经。这种做法无疑破坏了社会安定有序的良好局面,使得整个社会人人自危,社会信任程度大大降低,社会舆论愈加恐慌。

与此同时,伴随着互联网购物热潮的兴起,一些企业或者私人组织的微信公众平台还会每逢节假日或特殊的节日,如七夕节、"光棍节"推送一些打折、甩卖的博取公众眼球的文章。"周末大放血,假日大甩卖"这些字眼很容易吸引追求时尚潮流的年轻一代驻足观看。但是对微信公众平台的有效监督与治理的缺乏使得微信公众平台推送的各类信息鱼龙混杂,辨别是非难度大为增加。越来越多的商家制造各种噱头,炒作各类卖点,以此来达到宣传自己品牌的效果,却经常在宣传过程中带着欺瞒的成分。现如今,微信公众平台传播的信息内容越来越复杂,所涉及的范围也越来越广泛,涵盖了衣食住行的方方面面。不知不觉之间,微信公众平台所推送的内容,已经渗透到生活的方方面面。网民对微信公众平台推送的内容逐渐习以为常,甚至形成了某种依赖,而后遵循着微信公众平台所宣扬的路径,表现在日常生活中的行为模式之中。

3.3 微信传播的特点

微信传播作为一个双向互动的过程,是由信息发出者与信息接收者两者共同来完成的,缺少其中任何一个环节,完整的微信传播过程就会受阻。得益于微信传播媒介的快速发展，当前的微信传播呈现出不同于以往的一些新特点，这些特点主要包括：微信的准实名制与个性化服务的"私人定制"、个人私密性与大众传播弱显性、零资费服务与强大的技术支撑。下面分别就不同的特点做详细的介绍与分析。

3.3.1　个人私密性与大众传播弱显性

由于微信软件具有自身的特殊性，较之以往微博病毒式、裂变式传播，微信的传播更为安全和可靠，这种安全和可靠很大程度上取决于其微信圈内的隐私性。在微信传播中，每个个体的传播范围变小了，相同数量的信息使得人与人之间信息的传播变得更为频繁，人与人之间的联系也更为紧密。微信通过与用户绑定手机号码的方式，通过系统的专业验证，互相添加为好友，才可以进入彼此的朋友圈。在心理上，双方的距离感明显减少了，当双方的戒备少了，人际交往的范围缩小至一个圈子的时候，就特别容易产生依赖、轻信别人的情况。如此一来，就使得一些不法分子利用微信这一平台发布虚假信息、销售假冒伪劣产品甚至是利用微信进行违法犯罪的行为。根据马克思唯物辩证法的观点，任何事物的发展都具有两面性，微信的发展也不例外，科学技术的发展是一把双刃剑，它既可能为全人类谋取福祉，也有可能为不法分子所利用，给人们带来毁灭性的灾害。微信在改变人们生活方式的同时，同样带来了一系列的网络传播伦理失范问题，这些问题值得重视。

结合微信的使用与传播，可以得出微信目前的信息传播方式主要有：点对点的传播、微信群聊天传播、微信公众平台传播。在以手机的通讯录和 QQ 上的好友为主的社交的平台的基础上，微信实现了点对点的互动模式和双方面的传播，微信结合用户现实中的人际关系，主要适用于所谓的圈子范围之内，具有一定的排他性，正如有些学者指出的：微信主要针对的是传播人际关键的社会交往，而非大众传播；微信的着重点是其通讯功能，侧重于人际传播。具体来说，有"好友之间的传播"与"朋友圈"传播这样主要的两种模式。"好友之间的传播"类似于 QQ 聊天或者是短信聊天，"朋友圈"传播则是指用户通过查看微信好友的朋友圈更新的信息进行相互的交流与互动的传播方式。"朋友圈"具有给消息"点赞"与"评论"这样两种传播方面的功能，不过它仅仅对自己微信好友开放，这在很大程度上保证了所传播的信息的隐私性，同时也有利于保护用户的隐私。与新浪微博相比较，新浪微博传播的信息资源是开放性的，用户发布的信息处在"万众瞩目"的监视与分享之下，是在一种开放性的平台上进行的传播模式，这对于保护用户的个人隐私权是不利的。微信这种以"强关系"为核心的隐私性空前强烈的社交工具，在最大程度上保证了用户与用户之间互动、传播的私密性。

综合来看，微信传播的个人私密性与大众传播弱显性主要体现在以下两个方面：微信传受双方基于差序格局的熟人关系而建立联系；微信传播以人际传播为主，重内容、轻形式。

微信传受双方基于差序格局的熟人关系而建立联系。关于中国社会的差序格局的结构，著名社会学家费孝通先生曾在《乡土中国》中做出过详细的论述与介绍。费孝通先生曾认为，中国的社会结构本身与西洋社会有很大的不同，西洋社会结构是一捆一捆的柴，而中国的社会结构却好像是把一块石头丢在水面上所发生的一圈圈推出去的波纹。每个人都是他的社会影响所推出去的圈子的中心，被圈子的波纹所推及的就发生联系。每个人在某一时间、某一地点所动用的圈子是不一定相同的。中国的社会结构是以"己"为中心的，像石头一般投入水中，和别人所联系成的社会关系，像水的波纹一般，一圈圈推出去，愈推愈远，也愈推愈薄。中国人攀关系，讲交情，注重人伦的重要性。因此，中国人的社会关系是以熟人的关系为基础的，这种熟人关系是以血缘关系、地缘关系为基础的，伴随着现代化进程的加快，社会分工愈加复杂，慢慢地形成了趣缘关系，但是无论是血缘关系，还是地缘关系抑或是趣缘关系，都同属于熟人关系的范畴之内，都没有走出以差序格局为基础的熟人关系的范畴。这种熟人关系反映到微信的传播与使用过程中同样适用。熟人关系最大的好处在于相互认识，建立关系的成本比较低，因为相互熟识，所以大家相互信任，没有多余的间隙，按照日常生活的规范践行自己的行为，大大减少了虚拟网络社交中的风险性。以上种种优势，无疑给微信用户增强了安全体验，更加放心地投身于微信的社会交往中。

微信传播以人际传播为主，重内容、轻形式。形式与内容是事物的两个方面，任何事物的存在既要有内容，又要有一定的形式来表现内容的存在。内容决定形式，形式表现内容，正是由于两者之间的这种关系的存在，使得我们在使用微信的过程中明确微信只是社会交往中的一款工具而已，是用来加强沟通、增进情感的一种形式，其本质内容在于情感的交流与沟通、信息资源的传播与共享。在微信传播中，点对点传播以及群聊天均以社交为主要目的。以微信公众账号为例，一个好的微信公众号，首先一定是有价值的存在，这种价值主要是针对用户本身而言的。如果微信公众号再有好的体验、好的匹配、好的方式、好的内容、好的展现，信息不仅不会对用户形成骚扰，相反，还将成为用户转化价值和竞争传播的对象。此外，微信公众账号的互动关系由订阅者主动建立，建立目的在于阅读公众平台上所有发布的信息。因此，公众账号的信息传播效率即互动效应远远弱于其他两类关系。由此可见，微信的重点是通信功能，侧重人际传播而非大众传播。这种人际传播本身就是注重传播内容本身，而非传播的形式。在"内容为王"思想的主导下，微信借助于互联网络进行亲密性的人与人之间的人际传播。

3.3.2 准实名制与个性化服务

微信的准实名制与个性化服务的"私人定制"在微信的实际使用过程中主要表现为微信对个人用户信息真实性的要求与治理方面。微信对个人用户信息真实性的要求与治理主要包括：第一，加强微信好友来源的管理，以加强对微信用户信息真实性的治理。从微信的好友来源途径来看，其途径是多种多样的，包括微信使用者的手机通讯录、好友通过微信号码搜索或者扫描微信用户二维码、陌生人通过漂流瓶、微信摇一摇、查看附近的人的功能来实现添加好友的功能。在上述所有的好友来源的途径中，最重要的便是微信用户手机通讯录好友来源。与其他社交类媒体软件相比，微信的好友来源更为特定，微信用户好友通讯录中的好友关系更为密切，微信好友添加条件充分尊重了社交主体的意志，更加特定的好友添加范围使得微信对用户个人的信息真实性的要求更高，对微信用户个人信息真实性的治理更加严格、更加彻底。第二，为了使微信用户间的交流更加便捷和放心，更加严格的微信治理制度使得用户之间可以通过进行真实身份对比来决定下一步是否继续进行交往。人民日报曾发表文章指出："互联网的'泥沙俱下'所带来的互联网诚信、隐私权保护等问题已经上升为网民关切的共同话题，而移动社交的实名化则让此类问题迎刃而解。"网络社交的发展依靠两种关系的共同推动来实现，即传统社会的强关系与现代化社会的弱关系。其中，"强关系"是指用户之间的互动性较强，联系更为紧密；而"弱关系"则是指用户之间的互动性较弱，联系不太紧密的现象。而微信这样的网络社交工具主要依靠的是"强关系"的新的互动沟通方式，正是因为微信用户之间的互动加强了，所以要求用户之间的交流需要建立在真实的个人信息基础之上。

在注册成为正式的微信用户之前，用户一般需要进行手机号码的验证，微信号是和自己的手机号码或者 QQ 号码绑定在一起的。一般而言，自己的手机号首先肯定是实名登记过的，QQ 号添加的也是自己日常生活中经常接触到的、频繁沟通联系的好友，因此也就被赋予了准实名化的实质。这两点共同决定了微信用户注册的微信号码具有准实名制的显著特点。人们可以通过自己的手机通讯录或者 QQ 号码找到手机通讯录或者 QQ 通讯录的好友进行添加，这种准实名制的添加方式使得对方能够更容易通过好友验证，以便修改备注，进行深层次的沟通与交流。微信信息的产生和传递主要是通过两种方式来实现的，微信用户经过互相确认所形成的社会关系即为强关系，微信与传统的网络社交工具不同，微信是建立在相识的朋友的基础之上，微信的朋友圈也局限在相识的朋友之间，微信的用户之间联系更为紧密，微信的社交关系依赖于私人定制的个性化的服务。每个人都可以根据自身的实际需求找到适合自己的功能，进而进行甄选。

微信的个性化服务的"私人定制"主要体现在以下几大方面：

1）聊天功能。这也是微信这一现代社交媒体软件所具备的最重要的基础性功能。微信不仅支持文字、语音、图片、视频等多种信息的传出与传入，还支持群聊的模式，通过面对面建组或扫描二维码、拉人人群的方式建立起一个属于自己群组，用户可以通过条件搜索，进入某一聊天群，实现多人一起聊天的模式。

2）实时对讲机的功能。这也是微信这一现代社交媒体软件所具有的最具特色的功能。微信可以在用户之间实现语音的自由流动，用户只需要按住微信的语音输入功能键，输入自己的想要表达的语音内容，按住发送键就可以实现微信语音信息的流通，还可以接收到别人对自己所讲的语音信息。此外，微信不仅可以实现用户一对一的语音对讲，还可以通过语音聊天室与多人进行语音信息的沟通与传播。

3）添加好友的功能。这也是微信这一现代社交媒体软件发挥其实际功能的前提。要想实现人与人之间在微信平台上的沟通与交流，一定数量的微信好友是必需的条件。正如前面所说的，微信可以通过多种条件的筛选来添加好友，只要对方通过验证，就可以互相添加为好友。相应的，朋友圈也仅仅对添加的好友开放，用户通过朋友圈可以看到朋友的动态信息以及基本的网上的个人注册信息。添加好友的方式也是多种多样的，包括准确的微信号查找、手机通讯录查找、QQ 查找、二维码扫描、微信摇一摇添加好友、漂流瓶接受好友等。

4）微信漂流瓶功能。微信漂流瓶功能最大的特点在于其自身的匿名性，作为一种匿名交友的方式，发送漂流瓶的用户不需要填写个人真实的信息，用户可以扔瓶子，也可以捡瓶子，发送出交友请求，用户通过捞瓶子的方式就可以查看陌生人的基本信息。

5）查看附近的人功能。微信的这一功能，必须借助于手机上的 GPS 定位功能来实现，用户首先开启手机上的 GPS 移动定位功能，准确定位自己所处的位置，微信就会根据卫星的地理位置定位来查找距离自己比较近的微信使用用户。

6）微信摇一摇功能。微信的摇一摇功能更加符合微信个性化服务的"私人定制"特征，因为它体现了微信交友的随机性，满足了不同群体、不同个人微信交友的方式。用户可以随时点击微信的这一功能键，微信公司通过后台操作就可以找到符合条件匹配的其他的用户，从而有利于用户之间的充分互动与顺畅交流。

7）微信支付功能。这一功能既体现了微信的实用功能，也体现了微信的娱乐功能。微信支付功能是集成在微信用户客户端的支付功能，微信用户可以利用与银行卡绑定的微信号来实现网上支付购物。用户不需要携带现金或者是银行卡、信用卡，所有的支付行为只需要手机就可以瞬间完成。

以上关于微信的功能，实是腾讯公司为微信这款社交软件的个性化服务的"私人定制"，相信在未来的发展过程中，将会继续结合用户的实际体验进一步加以改进，以求更加完善。

3.3.3 零资费与技术依赖性

媒介是信息的搬运工，它将传播过程中的各种因素相互连接成一个可以移动互联的纽带，从某些方面来讲，在信息传播的过程中，媒介有着很重要的作用。当传播的媒介不存在时，这整个过程就不能顺利地进行，信息就不可能从传播者到达接收者那里，也不会存在信息的反馈了。有著名的学者对传播媒介在传播中的作用进行了概括：传播的媒介也就是信息，这个媒介本身才是信息，有了这个媒介才能够进行和它相适宜的活动。由于媒介在形式上的特征它可以在多种多样的条件下得以重现全部，而不是重现特定的信息内容，构成了传播媒介的历史行为功效。

大众传媒的发展经历了报纸、广播、电视、互联网等历史变迁过程，每一次演变都把大众传播推向了一个崭新的高度。纵观大众传媒历史的演进顺序，我们不难发现，其发展经历了这样一个演进过程，即传媒所需的成本逐渐降低，大众传媒传播速度越来越快，时效性越来越强，其自身存在形式也越来越便捷。尤其是以互联网与手机为代表的新兴媒体技术，更是把人们的感官体验发挥到了极致。随着移动互联网终端技术的进一步发展，手机媒介将会更进一步地改变人们传统的态度、价值观念乃至行为方式。微信从最初开始，就以移动手机终端为基础，结合移动互联网的具体特点，微信与手机的紧密结合更是将移动互联网的发展推向了一个新的高度。手机携带的便捷性、移动资费的免费性、阅读的碎片化、使用的高频率等显著特点是推动微信发展的基础原动力。

微信的零资费服务与强大的技术支撑，主要体现在以移动互联网技术的广泛使用所带来的大数据时代集中处理大量信息的现实服务需求。学者研究认为，随着手机传媒功能的进一步拓展，手机也已经实现从通信终端到多媒体终端的深刻变革。随着手机 4G 时代的到来，以前存在的各种技术上的瓶颈也将被一一突破，手机成为具有个性化、交互化以及多功能化的媒体终端。在这个基础上，手机还整合了自身的众多的功能，逐渐成了具有多媒体传播功能的可移动的在线进行生产的工具。手机的新模式对传统的信息的搜集和信息传播的模式带来了彻底的改变。作为智能手机上的一个很重要的 App 软件，微信正是凭借着这个多元化/多范围的平台，在研发的最初就集合了智能手机所有的特性。微信的蓬勃发展也让人们看到了手机这一平台发展的无限空间与巨大的开发潜能，它同时也在告诉人们，符合产品自身特征与用户切实需求的创新才是实现产品长远发展不竭的动力源泉。

当然，伴随着科学技术的发展，许多商家企业看到了移动终端设备巨大的商机，开始研发其他的移动终端设备，使得移动终端设备不再仅仅局限于手机客户终端，各类移动终端快速发展，ipad、平板电脑等相继推出，这些移动终端设备的发展也为微信的发展提供了良好的平台与空间。

如前所述，各类移动终端设备的快速发展给微信的使用与普及提供了巨大的技术支撑与平台空间，依靠这些移动终端设备，微信得以"飞入寻常百姓家"，成为一款非常通用的移动终端软件。当前的网络社会，各大运营商为了进一步抢占市场、占领资源，纷纷打起价格战，采用价格上的优势，以此来吸引更多的客户选择自己的产品。这种营销方式已经成为当今市场上的一种常态，微信与手机短信、语音等其他功能相比较，其最大的优势在于其为各类用户提供零资费服务，这种零资费服务使得微信得以从众多移动终端设备中脱颖而出。我们不难发现，当前越来越多的人在日常生活中遇到困难或者想要联系其他人的时候，第一选择并不是发短信、打电话，而往往是通过发送文字或语音类的微信信息来联系自己想要见的人。这种依赖微信的现象已经成为人们日常生活中的一种习惯，稍加改变，人们可能就会感到巨大的不适。微信的这种零资费服务并不是说微信所有的服务都是免费的，而是说，微信提供的一系列服务相较于其他收费的移动客户端实现了费用的锐减。结合微信一系列的功能来看，微信的添加好友功能、漂流瓶、微信摇一摇、查看附近的人、微信支付等功能的实现与使用并不需要额外缴纳费用，而只需微信用户的手机客户端开通了 GPRS 流量功能，便可以实现用户之间信息的传递与沟通。这种 GPRS 流量所产生的费用非常小，是大多数手机上网用户承受得了的，因此，微信的上述功能更容易实现。

3.3.4　经济链接紧密性与监管模糊性

微信的传播模式对传统的舆论监管方式带来了前所未有的挑战。首先，通过渠道监控内容的传统治理模式已被颠覆。在以往以传统媒体主导社会舆论的时期，我们只需掌握作为社会公共意见传播主要渠道的媒体，便可通过控制渠道而监管内容。这是容易实现的，因为媒体的数量毕竟是有限的。但移动互联网发展起来以后，这种状况已经发生了彻底改变。以微信为代表的新媒介在传播渠道上是"私密的"（手机渠道）。而基于"私人关系"（手机通讯录）和"私人空间"（QQ朋友）发展起来的新媒介场域，政府从一开始就是缺席的。基于移动互联网产生的自媒体，仅从数量上说也是难以监控的"大数据"。其次，舆论内容的监控也更加困难。微信的传播渠道虽然是私密的，但其传播内容又具有公共属性，从其传播范围来看，一条微信内容可以短时间内在全社会广泛传播；从其内容种类来看，政治、经济、文化及健康等公共内容无所不包。因此，微信内容可以是货真价实的"舆论"（公众的言论），但这种舆论又没有传统意义上的可测量的"行迹"。例如，在传统媒体主导下的舆论，我们可以判断是在"什么级别"的媒体发表，发表"篇幅"或"时段"是多少，而博客、微博主导下的舆论，我们可以测量评论和转发的"数量"。但是某一条微信的传阅量到底有多大，却是更难监测的，因而对于舆论焦点的研判也变得更加困难。

此外，微信传播的渗透率更高。微信的"朋友圈"是一种熟人之间的"强关系"，彼此之间的信息传播和态度影响更为容易。同时，这种以"同学""校友""兴趣圈"为主的关系网络，颠覆了现实社会中的以职业分类为主的关系网络。不同职业群体的信息传播也更为便捷。如一个公务员，他以往接触到的可能主要是业务相关信息、单位系统中的信息，但在同学的"朋友圈"中，不同职业同学的信息也会很容易接触到。现实生活中，我们对于人群的价值观影响及监控主要是基于职业和机构而进行的，但在微信关系中，撕裂了现实社会的职业疆界，重新组织起一种黏性很强的关系网络。因此，以往政府通过组织的形式进行价值观引导，容易在这里失效。

如果说以往媒介渠道上的舆论还是可以测量的，那么微信传播的舆论则更像一只"看不见的手"。而对于舆论引导的工作来说，最大的困难莫过于"不知道舆论在哪""舆论是什么样子""谁是舆论的主体"。如果对这种新媒介没有确切的把握，那么在危机事件发生的时刻，它对社会舆论的影响将是难以控制的。

3.3.5　共享需求与保护个体信息的博弈

微信的信息传播类型主要分为三种：点对点的人际传播、群聊天、公众平台账号。微信是以手机通讯录和好友为主的社交，进行点对点的精准互动，以现实人际关系为基础，主要用于"自己人"圈子，正如有学者指出"微信侧重于人际传播式的社会交往，而非大众传播，微信的重点是通信功能，侧重人际传播"，具体来说有"好友之间的传播"和"朋友圈"传播两种模式。"好友之间的传播"类似于短信聊天，"朋友圈传播"是指用户通过安装朋友圈插件，接受圈内朋友的动态消息，朋友圈具有给消息"点赞"和"评论"两种传播功能，仅仅对自己的朋友开放，这在一定程度上保证了通信的隐蔽性，也有利于保护用户的隐私。以与微博的比较为例，微博的消息是开放性的，用户发布的消息均是处于"广场下"，是一种网站式的开放性的，这对于保护用户的隐私是极为不利的。微信这种以关系为核心的私密性空前加强的社交工具，也确保了用户之间对话的私密性。

微信这种基于熟人建立的关系有利于增强用户的安全感，点对点传播有利于增强用户的点合度和连接强度。同时，微信的语音等功能借助熟人关系有效利用，能够进一步防止因使用过程中的技术漏洞而造成损失。例如，同属于腾讯公司的软件在使用时，不法分子通过盗号等手段、以找好友"借钱"的途径进行诈骗的案件时有发生；而微信在使用过程中，即使同样会发生盗号的情况，也由于熟人之间进行特殊沟通（如借钱、商议要事等）时往往会通过语音传递信息，因此可以有效避免诈骗案件的发生。

在微信传播中，点对点传播以及群聊天均以社交为主要目的。以微信公众账号为例。微信公众账号有认证与非认证之分，认证公众平台至少需要500名订阅用户，可在24小时内群发3条信息；非认证平台24小时内可群发1条信息。一个好的公众号、首先是一个对用户有价值的传播平台。如果有好的体验、好的匹配、好的方式、好的内容、好的展现，信息不仅不会对用户形成骚扰，相反，还将成为用户转化价值和竞相传播的对象。此外，微信公众账号的互动关系由订阅者主动建立，建立目的在于阅读公众平台当中所发布的信息。因此，公众账号的信息传播效率及互动性远弱于其他两类关系。由此可见，微信的重点是通信功能，侧重人际传播，而非大众传播。

　　微信的本质是一对一的即时通信，其私密性特点确保了信息传递的隐蔽性。微信朋友圈是用户展现自我、圈层内部互动的平台，针对同一照片或状态的评论者之间若非朋友关系，相互看不到对方的评论内容。由此可见，即使是在以强关系为基础建立的朋友圈内，用户也不会完全透明地暴露自己，因此，其信息传播可以保证相对安全。

第四章

微信传播行为的实证研究——以青年学生群体为例

4.1 问卷设计

本节从样本的选择、研究变量的选择和数据来源、量表的信度分析、量表的结构效度以及调查对象的基本信息进行调查问卷分析。

4.1.1 问卷指标的选择

抽样工作是在确定研究对象的前提下进行的，本次的抽样将围绕着学生群体选取合适的抽样单位。所谓抽样单位是指一次直接的抽样所使用的基本单位。抽样单位与构成总体的元素不一定相同。比如我们的研究元素是学生，抽样单位是班级。此次问卷调查的抽样框也就是抽样范围，是陕西省西安市所辖的五所重点中学的中学生和两所大学的本科生，以陕西省初中、高中、大学为例。研究最终确定西安市的五所重点中学分别是西北工业大学附属中学、西安高新第一中学、西安铁一中学、西安交通大学附属中学以及陕西师范大学附属中学。所选取的大学是西安交通大学和陕西师范大学。在抽样框确定好后，根据确定的抽样方法进行实际样本抽取。为避免抽样过程中的人为误差，保证样本的代表性。我们在 2016 年 5 月—10 月，除去节假日和暑期，平均每两周集中在一个学校，通过随机发放问卷、进入班级做调查、配合班会、思想政治课发放问卷等形式，采取了包括随机抽样、系统抽样、分层抽样、整群抽样、多段抽样在内的多种方法。根据经费状况和学生的接受程度，我们还购买了硬皮手账本、创意书签和文创纸扇等作为问卷调查的礼品，使得调查过程得以顺利开展。

4.1.2　调研对象确定依据

此调查问卷的中心内容共分为两部分：第一部分是被调查者的个人背景情况，具体包括性别、受教育状况、年龄、微信使用经验。第二部分是对微信传播中网络伦理失范影响因素的研究，分别对上文所述的 12 个指标进行评价，量表为里克特五级量表，五个选项分别为非常不同意、不同意、不确定、同意、非常同意，分别记 1—5 分。

纸质问卷共发放 550 份，网络调查问卷共发放 500 份，最终回收问卷 1023 份，回收率为 97.4%，去除无效问卷 12 份，共回收 1011 份有效问卷，有效率为 96.2%。这些调查来的数据当作本文模型构建的原始数据。问卷调查的发放情况和回收的情况见附录 2

所示。

4.1.3 问卷的介绍、变量选择和数据分析

1. 问卷的介绍及变量的选择

本研究最终所使用的调查问卷由下列 4 部分组成：第一部分是基本个人信息的调查，包括性别、年龄、学历、职业等；第二部分是微信使用过程中的使用动因以及可能存在的网络传播失范行为，包括了微信的信息内容、信息的来源、使用者主体和使用动机以及社会管理和网络制度等方面。

在初始问卷形成之后，由于题项来源于外文的文献，并且并非完全相同的研究问题使得问卷的测量题项存在语意不明，文字叙述模糊，问项本身说法不够规范，对行为描述不够浅显易懂等一系列问题，所以在正式发放问卷之前要进行前测工作来修正这些可能存在的问题。通过回收预调研的小规模问卷数据，进行量表选项的信度和效度检验，删除没有通过检验的选项，提高正式问卷的科学性，为接下来发放大量问卷的正式有效调研奠定基础。

2. 数据分析

本研究使用的数据收集来自问卷调查，尽管本研究在选取现有的测量量表时已经经过筛选，只选取了那些已经被证明有效并且信度系数超过规定数值的量表，但是仍然具有个别问项或描述不合理的地方，本研究所进行的预调研小规模样本调查，目的就是在大规模调查的初期解决研究使用的测量工具的不足之处并加以改进，避

免数据调研中出现大规模的数据不可用的失误，尽可能地提高研究结果的科学程度和准确程度。

内部一致性是问卷调查中信度检验的重要指标，一般用来检验单一的测量指标中各个问项是否能完成相同或者相似的测量任务，达到测量目标。所采用的相同指标内问项相关系数分析方法来对问项进行筛选，同时通过 Cronbach's α 系数来一并测量整个变量因素的信度要求。通常认为当 Cronbach's α 系数超过 0.7 时，该问卷的信度是达到研究所需要的标准的。

4.1.4　量表信度

利用 Cronbach's α 来评价问卷的信度，对于 Cronbach's α 系数的界限值不同研究者有不同的看法，一般来说，一份信度系数好的量表或问卷最好在 0.80 以上；0.70 - 0.80 之间还算是可以接受的范围；分量表最好在 0.70 以上，0.60 - 0.70 之间可以接受；当分量表的内部一致性系数在 0.60 以下或总量表的信度系数在 0.80 以下，需要重新修订量表或增减题项。使用 SPSS 对四个维度的信度进行分析，首先对四个维度研究评估项目的问题基本描述统计、计算各个项目的简单相关系数以及删除一个项目后其他项目之间的项目的相关系数、对内在信度进行初步分析。SPSS 在分析后，显示出检验量表各层面与总量表的内部一致性和稳定性，结果如表 4 - 1 所示。

表 4 - 1　信度统计表

维度	Cronbach's α
信息内容	0.83
信息来源	0.79
使用者和使用动机	0.81
社会管理和网络制度	0.79

由表 4 - 1 可知，量表 4 个维度的 Cronbach's α 都大于 0.7，表示调查问卷整体的信度较好。

4.1.5　量表的结构效度

利用的探索性因子分析法（Exploratory Factor Analysis，EFA）主要是通过查找出多元化的观测变量的本质结构、对其进行降维的技术。利用此方法可以去除很复杂烦琐情况中的其他的变量，将复杂的变量结合为核心的因子。此方法的优点有三个：EFA 法便于操作；当调查问卷含有很多问题时，EFA 法显得非常有用；EFA 法既是其他因子分析工具的基础（如计算因子得分的回归分析），也方便与其他工具结合使用（如验证性因子分析法）。

本文运用 SPSS 20.0 软件对问卷数据进行探索性因子分析，以探究影响满意度的主要因素。量表的 KMO 及 Barlette 球形检验结果如表 4 - 2 所示。

表4-2　KMO和Bartlett检验结果

Kaiser-Meyer-Olkin取样适切性量数		0.914
Bartlett球形检定	近似卡方分配	781.5
	自有度	490
	显著性	0.019

探索性因子分析的KMO值为0.914，表示该问卷适合进行因子分析。Bartleff的值为781.5，P值是0.019，小于0.05，达到显著水平，表示12个指标之间存在高度相关性，可以进行因子分析。利用SPSS对12个变量提取公共因子，前四个主因子的积累解释度为87.2%，大于85%，可以作为主因子。

利用因子载荷矩阵得到的指标分类如表4-3所示。

表4-3　微信网络伦理失范分类表

一级指标	二级指标	三级指标
微信网络伦理失范	信息内容	隐私安全
		虚假信息
		低俗信息
		推广信息
	信息来源	信任
		信息发布者的权威
		信息转发的次数
微信网络伦理失范	使用者和使用动机	主体行为
		心理
		使用动机
	社会管理和网络制度	社会管理
		网络制度

4.2　问卷结果分析

4.2.1　调查对象基本信息归纳

此次问卷调查的抽样框也就是抽样范围，是陕西省西安市所辖的五所重点中学的中学生和两所大学的本科生，以陕西省初中、高中、大学为例。研究最终确定西安市的五所重点中学分别是西北工业大学附属中学、西安高新第一中学、西安铁一中学、西安交通大学附属中学以及陕西师范大学附属中学。所选取的大学是西安交通大学和陕西师范大学。

表 4 - 4　调查对象的基本信息

项目		人数	比例（％）
性别	男	487	48.2
	女	524	51.8
年龄	15 岁以下	147	14.54
	15 - 20 岁	312	30.86
	21 - 26 岁	429	42.43
	27 岁以上	123	12.17
教育情况	初中及以下	153	15.13
	高中	301	29.77
	本科	398	39.37
	硕士及以上	159	15.73

续表

项目		人数	比例（％）
登录微信时间	8点-12点	163	16.12
	12点-18点	122	12.07
	18点-24点	294	29.08
	24点以后	112	11.08
	随时，只要有空	320	31.65
使用微信经验	9.20	小于1年	93
	1-2年	202	19.98
	2-3年	421	41.64
	3-4年	162	16.02
	4年以上	123	12.17

从男女比例看，男占48.2%，女占51.8%，男女比例均匀；从年龄分布看，15—20岁和20-26岁分别占30.8%、42.43%，占有很大部分，信息有效；从学历分布看，高中、本科和研究生以上所占比重达到占84%，教育水平较高；从使用微信的时间段看，18点—24点和随时，有空就使用为主要部分，这个时间也符合人们使用微信的基本情况，统计的信息有效性较高。从使用微信的情况看，基本都是1—2年、2—3年，也符合微信开发之间使用的趋势。综上所述，调查问卷的信息有效性较高。

4.2.2　微信传播内容分析

在信息内容方面，在回答"我认为微信传播的信息中有很多虚假信息"这个问题时，对学生回答的选项统计如图4-1所示。

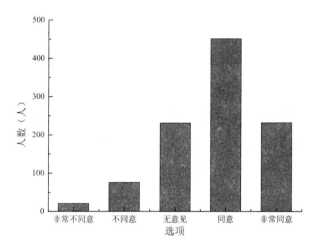

图4-1　学生对于微信传播的信息中虚假信息的认知

通过对图4-1可知，认为微信传播中存在虚假信息的人数最多了，这个选项和其他的选项之间存在差异显著性。

在信息内容方面，在回答"我认为微信传播的信息中有很多低俗信息"这个问题时，对学生回答的选项统计如图4-2所示。

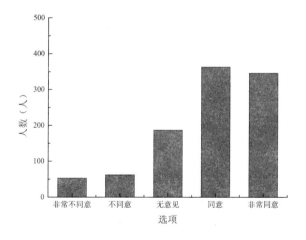

图4-2　学生对于微信传播的信息中低俗信息的认知

通过图4-2可知，学生认为微信传播中存在大量的低俗信息，绝大多数的同学都选择了"同意"和"非常同意"。

4.2.3　微信传播来源分析

在信息来源方面，在回答"在微信社交平台，我认为权威人士的信息是有效且有用的"这个问题时，对学生回答的选项统计如图4-3所示。

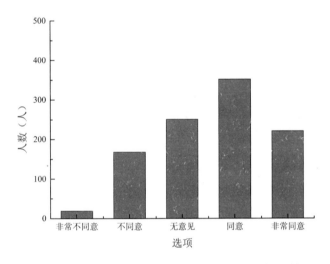

图4-3　学生对于权威人士的信息是有效且有用的认知

通过对图4-3可知，学生对于权威人士的信息大多数都认为是有效且有用的，这说明了当信息来源权威时，学生的接受程度也是较高的。

在信息来源方面，在回答"微信消息页面中信息共享转发次数越多，该信息越具有很高的价值"这个问题时，对学生回答的选项统计如图 4 – 4 所示。

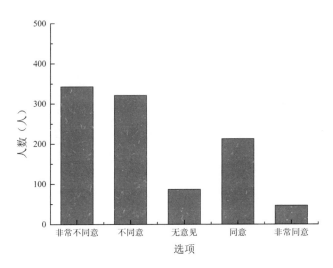

图 4 – 4 学生对于"微信消息页面中信息共享
转发次数越多信息越具有很高价值"的认知

通过图 4 – 4 可知，对于"微信消息页面中信息共享转发次数越多信息越具有很高价值"的认知，学生选择"非常不同意"和"不同意"的是很多的，说明学生对信息的来源有一定的判断力。

4.2.4 微信传播使用主体及使用动机分析

在用户主体和使用动机方面，在回答"学生的网络道德意识和道德需要强化"这个问题时，对学生回答的选项统计如图 4 – 5 所示。

通过图 4 – 5 可知，学生对于"网络道德的意识和道德需要强化"的认知方面，绝大多数的学生都认为网络道德意识需要强化，有待提高。

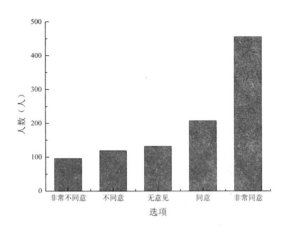

图4-5 学生对于"网络道德意识和道德需要强化"的认知

在用户主体和使用动机方面，在回答"微信是福还是祸，不在于网络本身，而在于人如何使用网络"这个问题时，对学生回答的选项统计如图4-6所示。

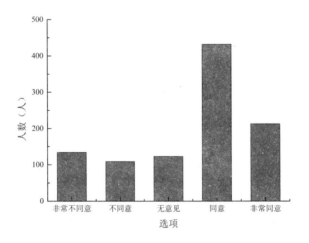

图4-6 学生对于"微信是福还是祸，不在于网络本身"的认知

通过图4-6可知，学生认为绝大多数微信是福还是祸，不在于网络本身，而在于人如何使用网络。

4.2.5　微信传播外部因素影响分析

在社会管理和网络制度方面，在回答"微信还有很多方面需要完善"这个问题时，对学生回答的选项统计如图4-7所示。

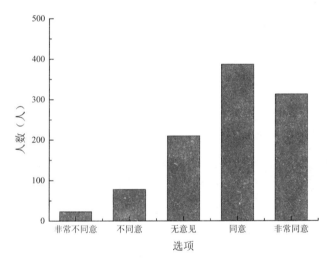

图4-7　学生对于"微信还有很多方面需要完善"的认知

通过图4-7可知，学生对于"微信还有很多方面需要完善"很大一部分都保持肯定的态度。

在社会管理和网络制度方面，在回答"政府号召的网络文明工程等一系列维护网上健康文明环境的政策措施，我觉得很好"这个问题时，对学生回答的选项统计如图4-8所示。

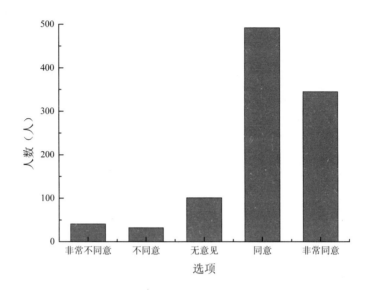

图4-8 学生对于"政府维护网上健康文明环境的政策"方面的认知

通过图4-8可知，学对于"政府维护网上健康文明环境的政策"很大一部分都保持肯定的态度，认为政府需要加强网络文明的建设。

4.3 验证与结论

4.3.1 内容与认知、态度、行为改变的关系

作为微信传播的主体——使用者，他们自身的因素、心理因素和使用的动机，都会影响到信息内容。使用者和使用动机对信息内容的标准化路径系数为0.47。这说明了，使用者和使用动机在一定

的程度上会影响微信传播信息的内容。对于初中生而言，他们年龄较小，由于自我的认知存在偏差，但是他们使用微信的时间很短，对微信视角下进行网络传播的伦理失范行为造成的影响不是很明显，这也和目前各初中对学生携带手机的管理要求是一致的。但是，对大学生来说，正当思维比较活跃的年龄，作为微信使用的主体力量，既有着探求科学知识的强烈愿望，更有着自我完善的渴求，他们对自身有着较高的期待，希望自己能够成为出类拔萃的人才。但当他们面对无奇不有、精彩万分的网络世界，时常会感到无所适从，容易不加辨别地接受新鲜事物，这时的从众心理在面对海量信息时就表现得特别明显，但盲目从众过后，他们不得不面对一个尴尬的局面，如垃圾信息、上当受骗、网络谣言等，有的大学生便会以其人之道还治其人之身来进行报复。所以，撒谎、盗窃、诈骗等网络犯罪行为便在大学生群体中出现并呈上升趋势。因此，在年轻学生这一主力群体中，网络传播伦理失范研究最具必要性，其失范表现也最为明显。研究生相对来说年龄稍长，有一定社会阅历，自我认知能力相对不错，有一定的辩证思维能力，对微信传播中明显的虚假信息或者专业性较强的谣传有一定的理性判断。

4.3.2 信源与认知、态度、行为改变的关系

信息来源于受信任的文化公司专业机构，有权威的人士、行业翘楚时，这些信息的可靠性将会很高，可以为微信用户带来很好的积极向上的信息，用户在微信上接收积极的信息，也会对他们的生活、学习和工作有积极的影响。信息来源对信息内容的标准化路径

系数为 0.59，对信息内容的正向影响最大，这和目前学界提出的一种"反官方论"的认知刚好相反，他们认为现在网络传播特别是以微信为代表的传播过程中，专家、官方、权威机构等正面报道信息只会引发新一轮的拍砖、抵触和对抗，但调查结果数据表明，不管形式上人们呈现怎样的行为，对于信息来源内心还是非常看重信任度更高的专业机构、权威解读和专业声音。

4.3.3 使用主体、媒介习惯、使用动机与认知、态度、行为改变的关系

对问卷的结果进行分析，还发现有的人尽管内心已经很明确微信上传播的一些消息是不道德的、违反社会公序良俗的，甚至还有一些不符合法律法规的，但是为了达到某种目的，他们也会随波逐流，盲目跟风。在上图 4－12 输出路径模型的分析中，可知使用者和使用动机对于微信网络伦理失范的标准化路径为 0.58。主体行为、心理及使用动机影响使用者和使用动机的标准化路径系数分别为 0.38、0.42 及 0.72。有研究者认为，在特定网络空间中关注同一个事件的网民，经过热烈讨论后会形成一个心理群体。在这个心理的作用下，即使明知有些事情是违法的，但是网民依然按捺不住自己的情感。网络公共事件很容易触及人们社会情绪的"引爆点"，例如挑战了社会传统道德、激发了仇官仇富心理、煽动了民族主义情绪等，也就是说，这些网络公共事件中的个人道德情感与公共道德情感产生了严重的冲突。尖锐的道德情感冲突，使微信使用者难以控制自己的愤怒情绪，对相关当事人采取了一些极端的手段，如公布当事人隐私使其无处遁形、以暴制暴对其严厉惩罚等，类似

人肉搜索的做法不可避免地造成了微信传播中的伦理失范现象。由于部分网友缺乏理性判断能力，容易人云亦云，产生从众心理，导致人们的情绪受外界的影响很大，意志不坚定，懂法还要犯法。

通过对问卷的分析，还发现了有的使用者在日常的生活中，也会传播一些不真实信息，这也是由人们的心理作用决定的。在现实生活中人们会面对来自各方面的压力和监督，有时候为了实现某种目的，会在了解现实和社会认同的情况下，对一些自己已经认不对的消息进行传播，从而引起大家的注意。这种心态和行为其实可以被称之为反社会的心态，具有这种反社会心态的人，往往有着较强的攻击力，性格较为偏激，喜欢挑战原则，当给他人带来不便时会产生某种程度的快感，从而减轻自己因遇到困难而产生的挫折感。数据显示，处于大学生阶段的使用群体，这部分的主观不可控行为倾向和以暴制暴倾向最为严重。

4.3.4　外部因素与认知、态度、行为改变的关系

社会管理和网络制度对信息内容的标准化路径系数为 0.39，对信息内容有正向的影响。目前，我国缺乏专门的法律对这些新媒体的平台进行有效的科学的监督管理，其他类似的法律也没有对互联网上的信息和主体进行保护，因此在对微信谣言传播、广告泛滥、信息窃取等现象进行规制时，很难找到具体适用法律。另一方面是网络技术本身就具有难以监管的特性，即其存在空间是虚拟的，尤其是以个体的人为主体的公众网络空间，更是难以监管。

社会管理和网络制度对微信使用者和使用动机的标准化路径系数为 0.58，影响很大。由上可知，我国必须加强相关的法律管理，加强规

章制度的制定，用法律的手段来管理微信网络传播，让人们真正体验到科技带来的进步。

通过潜在变量与观测变量之间的关系分析，主要是找出与潜在变量关系重大的观测变量，还可进行观测变量之间的比较。

（1）信息因子与观察变量之间的关系。依次是虚假信息的回归系数最大为 0.48、隐私安全回归因子 0.35、低俗信息回归因子为 0.34 和推广信息回归因子 0.27。上述数据说明虚假信息是微信传播中导致伦理失范的主要原因，因此要高度关注网络诚信教育。

（2）信息来源与观察变量之间的关系。信任的回归系数最大为 0.59、信息发布的权威回归因子 0.31 和信息转发的次数回归因子为 0.32。上述数据一方面印证了微信传播中的熟人传播特征，可信度较高。同时也说明必须提高用户的信任度，增加信息的可靠性，才能规范微信传播环境。这一结论对微信公众号和微信公众平台的管理具有参考意义。

（3）使用者和使用动机与观察变量之间的关系。依次是使用动机的回归系数最大为 0.64、主体行为回归因子 0.38 和心理回归因子为 0.347。上述数据说明，"使用与满足"理论在微信传播中的作用，作为网络主体，其使用动机是失范行为的缘起。虚假使用动机在微信传播过程中对伦理失范现象产生的影响很大，因此一方面要让传播主体树立正确的使用动机，树立正确的价值观；另一方面要加强对不良使用动机的传播行为的管控，才能真正实现对微信传播过程的源头加以规范。

（4）社会管理和网络制度与观察变量之间的关系。数据显示是社会管理的回归系数最大为 0.37，网络制度的回归系数为 0.32。结果说明，受调查者更多寄希望于社会管理的加强，也反映出网络治理中政府管控的重要意义。进一步来讲，加强和完善网络社会治理的制度建设是治理网络传播伦理失范乱象的先决条件。

4.3.5 未解决问题

由于微信发展的时间与传统媒体相比还比较短，其自身技术升级和服务产品的更新频繁，新问题、新现象层出不穷，以微信为代表的网络传播伦理失范还是一个比较新的课题。因此，对微信视角下网络传播伦理失范问题的研究也是一个长期的具有挑战性的工作。本文在微信视角下探讨了失范现象、成因及规制办法，梳理并提出了一些较新的观点，但因为研究以实践为基础，一些问题研究还显得时效性、针对性不强，需要后期继续跟进，做追踪式的研究：

1）本文为了研究问题的聚焦，尝试把网络传播伦理失范现象置于微信的传播视角下来考察，但微信公众平台上的专利权问题、舆论监督失范问题、隐私保护问题、微信成瘾机制问题，也很值得我们进一步研究。

2）微信在中国最早出现于 2012 年，但真正发展是 2013 年（这一年被称为"中国微信年"），短短几年，微信在中国获得了长足的发展，截至 2016 年 6 月底，我国微信网民规模达 10 亿，网民的使用率则高达 61%。但是我们很难预料未来微信的用户群体是否一成不变，也很难预料微信在融合通信、娱乐、支付、交流等多功能于一体后还会有哪些意想不到的设计与创新。因此，本文的研究价值主要立足于解决目前存在的问题，但对未来微信新问题的预判和未来微信新变革还很难精准把握。

第五章

基于调查呈现的微信传播伦理失范问题

5.1 微信传播伦理失范问题凸显，形势严峻

微信的出现与普遍使用在给人们带来便捷交友体验的同时，也对当前的网络伦理提出了新的挑战。与现实的社交活动相比，虚拟网络的社交活动更具自由性、匿名性与开放性。所谓语言暴力，是指以某一种语言形式或内容，长期霸占虚拟网络的某一位置的社会现象。这种语言形式往往带有非法、强硬的特点，非常易于侵占网络论坛、网站、贴吧等人流量大的网络交友平台。网络自由性的宽泛在给人们带来愉悦体验的同时，也对当前的网络伦理道德规范的建设问题提出了更高的要求。虚拟网络给用户提供了一个相对宽松自由的网络交友平台，这种宽松自由性主要体现在网民可以随时进入某一网络社交场域，同时也可以随时退出某一网络社交场域，这种身份的来回自由转换，对虚拟网络的监管带来了很大的不确定

性。不确定性的增大、信息资源的不对称直接诱发了一系列的网络伦理失范行为的出现。这些现象是互联网技术发展到某一阶段必然出现的特定现象，它在破坏正常的虚拟网络生态环境的同时，更是进行了自我查漏补缺。政府、社会、用户个人都需要从自我角度进行深入反思，找到存在的问题，采取实际的行动或措施来遏制网络传播中伦理失范危机的进一步恶化与蔓延。

5.1.1 以身份欺骗、网络诈骗为主的诚信价值观的缺失

诚实守信是中华民族自古以来的优良传统，也是我们做人做事最基本的道德准则与要求。中华民族历来是一个重视诚实守信的民族，五千年文化的熏陶使得历代中国人重信践诺。在虚拟的网络社会中，诚实守信的美德与优良传统作风同样十分重要。与现实社会相比较，虚拟网络社会最大的特点在于其虚拟性、匿名性与包容性，它主要依靠网民自身的素质与自律意识来约束其在网络生活中的种种行为。自律意识与自省精神的培养与塑造都是以诚实守信为基本前提的，微信视角下考量网络社交伦理失范问题是指微信用户在使用微信进行社交的过程中表现出来的一系列的违反道德规范的具体行为。微信具有的支付功能以及其他一系列与金钱直接相关的功能，使得微信社交成为网络社交伦理失范行为的"重灾区"。无法真正践行诚实守信的基本原则，使得许多不法之徒不惜铤而走险，通过各种非法渠道伪造虚假身份信息，进行虚假交友、网络诈骗，严重破坏了互联网生活的安定秩序，践踏了国家法律法规的尊严，这种行为为人所不齿，为法律所不容。

　　近几年，很多微信用户开始做微商。他们的营销策略包括海外代购、折扣营销等。微商作为虚拟网络营销环境下诞生的一类群体，与现实中的商人还是有很大差异的，最主要的区别体现在其自身身份的虚拟性。成为微商不需要经过正规的工商管理部门登记注册，更不需要一定数额的注册资金。只要用户拥有并使用微信，其微信有多位好友，开通微信朋友圈就可以瞬间成为微商队伍中的一员。越来越多的人通过微商渠道、借助微信平台获得了实际的经济利益。微商逐渐成为一种职业，归根结底是以赚钱盈利为目的。对于利润的追逐，使得微商群体从幕后走向了台前，微商促销的产品充斥微信朋友圈，从早到晚、从基本的衣食住行到娱乐享受，微信朋友圈的商品一应俱全、应有尽有，微商借助于微信朋友圈这个大平台，实现了在好友之间商品信息最快速、最大限度的宣传与传播，其宣传效果明显要好于广告等同类宣传效果，而宣传成本则明显要低于广告等宣传所花费的成本。

　　分析一下部分售卖假冒伪劣产品的部分"微商"行为：与市面上的同类商品相比较，其价格优势明显，这也是吸引微信好友疯狂购买的主要原因；与此同时，以低廉的价格买到市场上数倍于此价格的同类商品，背后"隐藏的逻辑"在发挥作用。其实质是背弃"诚实守信"的基本原则，在朋友圈宣扬各种噱头，兜售各种假冒伪劣产品。最终，诱导消费者以明显低于市场的价格买到假冒伪劣产品，从中获得巨大的利润。这种自私心驱使下的逐利行为背后，是经济人理性最大化的表现。但我们每个社会成员都是社会人，应始终以追求社会人理性最大化为目的，而非一味地单纯追求经济人理性最大化。这种认识上的偏误使得微商们陷入了"欺骗—谋利—欺骗—谋利"的恶性循环之中而无法自拔。随着时间的推移，越来越多的逐渐认识到"便宜没好货"的真理，微商们明显呈现出被好友——屏蔽的趋势，主体自觉从源头上切断了微商销售假冒伪劣产品的销售渠道。越来越多的使用者愿意向身边具有相似经历的微信好友宣传基本的维权普法意识，主动同各类销售假冒伪劣产品、违背"诚实守信"原则的行为做斗争，维护自己在虚拟网络空间的基本权益。

诚信的缺失还体现在信息传播的失真性方面，这个问题是微信等相关的自媒体平台都需要面临的难度最大的问题。由于微信等自媒体平台的注册要求是比较低的，使用的范围又很广，人们在使用微信的过程中，就成了网络信息的制造者和这些信息的传播者。但是，很多人对新闻传播的特点是不了解的，他们会对自己感兴趣和觉得有趣、好玩的内容进行传播，容易造成对虚假的信息的迅速、大规模的传播。比如每年中考高考前夕，总会有朋友圈疯狂转发丢失准考证的信息，类似找老人、找孩子、找宠物等信息真假难辨，也充斥着各种群发转载链接。从罗尔事件开始，人们又将关注的焦点对准了众筹式献爱心捐款的新现象，尽管罗尔事件本身不是直接在微信平台募捐，但是利用推送文章请求打赏，一夜之间募集大量钱款，还是将这位父亲和他的女儿推上了微信的风口浪尖，各种真真假假的披露信息不断涌现，孩子病情、家庭经济情况、房产、前妻、工作经济收入等，众多言论分为多个阵营，有支持有抨击有鼓励有澄清也有辱骂和不屑。乱象的背后是人们对于微信平台下推送的类似信息的信任的缺失，没有诚信作为前提，人们的爱心经不得任何透支。

在网络欺骗中，最明显的是微商类的虚假销售情况。有的微商类似传销，但是代理模式与传销不同，不能说朋友圈代理就是传销。代理主要是拉人入会、收取入会费进行盈利的。他们很多也以产品的名义收取会费，但是产品的价值要远远小于会费，所以产品只是一个名头。朋友圈的代理易被误认为是传销，但很大程度上，有一部分代理就是以传销的模式在运营：产品的价格远远低于实际价值，通过不断发展代理，才能获得更低的价格，并且从下一级代理中抽成。这种模式，基本上就是一种传销的套路了，再加上他们强大的洗脑攻势、近乎疯狂的刷屏，都让人们对"朋友圈代理＝传销"的误解越来越深。传销禁而不止，在朋友圈如洪水猛兽般袭来。在某种意义上，说明它真的抓住了人性的弱点。

5.1.2　以网络语言失范及网络暴力言论为主的言论失范现象

当今的网络语言，每天以数以万计的几何级增长涌入我们的日常生活。与传统的语言形式相比较，网络语言因其自身具有的形象化、可感化等特点，很快占领了网络场域的语言阵地。网络语言是对当前社会现实情况的深刻反映，它以其生动、形象化的描述方式，很容易为当前的年轻一代的网民所接受。这种接受更来源于其本身容易记忆、容易理解的特点，与正式文本的记载相比较，网络语言一般来源于现实，通过形象化的语言方式反映当前生活的百态，以引起人们广泛的关注与重视。如曾经风靡一时的网络流行语"元芳，你怎么看"，时至今日仍不时为广大网民所引用。这句话的最早来源，可以追溯至古装电视剧《神探狄仁杰》，剧中的元芳是狄仁杰身边的护卫，每当狄仁杰遇到疑难重大案件苦无线索时，他首先想到的总是身旁的元芳，并会习惯性地问元芳一句"你怎么看"，最初是指元芳对某一起疑难案件的看法。后来，经过网民的引用与传播，"元芳，你怎么看"就被用来特指对当前社会所发生的一系列热点问题的看法。每当年轻的网民闲来无事，聊天切磋时，随即抛出一句"元芳，你怎么看"，双方围绕着某一话题展开交流与讨论，不论最终是否能够达成共识，其结果都已经不再重要，重要的是大家通过这种诙谐幽默的方式，达成了交换思想、彼此增进了解的目的。除了"元芳，你怎么看"这句网络流行语之外，最近流行语网络社会的还有一句流行语"然并卵"。好多人都在抱怨，这句"然并卵"已经被用滥了，仿佛瞬间成了万能的回复语，无论是回复什么样的问题，都以一句"然并卵"简单回复之。实则是表现了自己内心深处深深的无奈，是无力改变当前现状的真实反映。从中，我们也可以解读出一丝悲观、自暴自弃的意味。关于网络语言的流行，当前学术界主要有两种不同的看法，一派观点认为网络语言的使用简化了传统的语言表达习惯，这种简化并不意味着语义本身的改变，传统语言的简化为现代社会日益强调"时间就是金钱"的人们节省下了宝贵的时间，同样也达到了基本的交流表达的效果，可谓是"一举两得"；另一派观点则认为网络语言无节制的使用与传播增加了语言监管的难度，使用网络流行语本身出发点是好的，然而现实生活中的网络流行语往往有些已经超过我们可控的范围，而有些网络用语则或多或少地隐藏着淫秽、色情或者暴力的语言成分。这样的网络语言是与传统的文字相冲突的，是对文学的践踏与篡改。如此一来，就造成古典优秀文化逐渐流失，古典文化的精华逐渐淡出我们的视野。

与网络语言的流行相类似的是，当前网络社会中还存在着许多的网络暴力语言，这种网络暴力语言比网络流行语言带来的负面影响要大得多，主要是因为网络暴力语言以绑架、要挟为其主要手段。这种绑架、要挟也被称为"语言冷暴力"。与现实社会中存在的暴力行为相比，这种网络语言冷暴力现象的存在更具有威胁性与破坏性。而这种威胁性与破坏性根植于网络语言的内核，借助于微信等现代化传播媒介实现点对点的快速传播。网络暴力言论还往往具备明显的煽动性，这种煽动性更容易引起其他网民的同情与响应。网络暴力言论并不是空穴来风，而是有其一定的来源，这种暴力言论往往来源于现实的社会生活。当前，网络生活日益发达、多媒体技术多元发展，使得一个地区发生的任何事件，都可以很快传播到全国各地。只要一个地区有互联网，手中有一部移动终端接收设备，就可以随时随地刷新网络上各类信息。每天清晨，当我们打开网络，涌入眼帘的是海量的未经处理的各类社会信息，它涵盖了政治、经济、文化、军事、生活等诸多领域。而首先能够引起我们注意的往往是那些标题新颖或者吓人的大事件或者离奇事件。这些事件往往属于负面影响更强一些的事件。这种选择性也反映了当前我们整个的国民心态。网络暴力言论趁机抓住了受众的这一心态，渗透进受众的日常生活之中，对受众的日常生活产生了严重的负面影响。

总体而言，网络暴力是人格异化的一种表现形式，是指网络行为主体的网络行为对当事人造成直接或间接地实质性伤害的网络失范现象，分为网络语言暴力与网络行为暴力。在这里，我们重点关注网络语言暴力行为。网络言论暴力主要表现为：一些网络主体在网络场域空间内肆意发泄自己对现实社会的不满情绪，出口伤人，或者在网上发表一些具有攻击性或侮辱性的言论，故意损害当事人的名誉，等等通过网络侵犯、曝光他人隐私，对当事人造成名誉乃至身心上的伤害。网络暴力实施者往往打破了道德的底线，普遍具有侵犯人权的特点。网络暴力是现实社会暴力在网络社会中的真实反应。网络暴力一般借助于网络空间通过语言文字对他人进行人身攻击，一般带有明显的侵权性质；网络施暴者的语言一般都比较尖酸刻薄、恶毒甚至很残忍，直接目的是恶意诋毁对方。恶意对他人进行的人肉搜索也属于网络暴力的行为。既然网络暴力言论已经涉及侵权、涉及法律，因此仅仅运用道德手段来进行教育规范是远远不够的，还必须运用法律的手段进行规范和打击。网络主体可以利用法律武器维护自身的合法权益，但不要打着维护自身合法权益的旗号，肆意地伤害他人的合法权益。

如今的人肉搜索现象、网络谩骂现象等都是网络暴力的具体体现，网络暴力如今比较普遍化。网络暴力言论的表现可以划分为两种：一种是非理性的网络声讨，另一种是非理性的网络要求。网络暴力是随着公众越来越多地在网络上表达自己的主体利益诉求而形成的，却往往会被少数不法分子所利用，网络也很容易成为人肉搜索和网民互相谩骂的场域，很容易上升为网络暴力言论。

网络暴力言论的危害极大，比如恶性的人肉搜索，人肉搜索者将被搜索者的真实信息、身份照片、个人生活、家庭成员等个人隐私全部公布于众，这样的人肉搜索行为，严重危害了当事人及其家人的人身安全、精神状态、日常生活学习和正常的生活秩序，给当事人及其家人带来了不可估量的物质与精神损失。网络主体非理性的网络声讨，在公众还不完全明白事件真相的时候，提前介入公众的舆论生活，先入为主进行声讨，随着事件进一步地发展，立场出现摇摆，甚至完全颠覆了自己原先捍卫的主张，但是偏激的态度依然没有改变。这样的暴力言论本身缺少思辨力，也缺乏对于理性解决事件的推动作用。

5.1.3 以网络谣言肆虐为主的网络秩序失范现象

谣言又被称为流言，一般是指不以事实为依据、流传于现实生活中的种种语言或现象。美国著名心理学家奥尔波特与波斯特曼曾经为流言下过这样一个定义："一种通常以口头形式在人们中间流传，涉及人们信念而没有可靠证明标准的一种特殊的陈述或话题。"与现实生活一样，网络社会中同样存在着谣言。特别是在互联网络技术日益普及的情况下，谣言传播的形态、渠道和特征也都发生了很大变化。例如在美国大选期间，"亚米西人公开支持特朗普""奥巴马禁止全美的体育赛事放国歌"等流言均出自一个自称拥有"脸书假话帝国"的狂人霍纳之手，他对自己制造的所谓"讽刺艺术"的新闻骗局在网络社交媒体呼风唤雨而得意扬扬，在《华盛顿邮报》大放厥词，认为特朗普当选首先要感谢的人就是他。类似的病毒式传播的典型案例数不胜数。其传播方式不外乎靠使用假名注册的诸多假网站散布假消息，编造令人耸人听闻的谣言，是因为他们发现，带有偏见和夸张性质的内容，经由各类媒介平台的算法推荐和搜索排名，更能引爆点击量并使得流量飙升。而流量意味着用户，用户则带来广告效益。和其他网络终端和社交平台相比，微信的时效性和强关系网下的几何裂变式传播作用显著，但"成也萧何败也萧何"，在微信的种种负面效应中，影响最为恶劣的当属谣言。因为微信谣言的成因正是在于群体传播时极易发生弊端——大量流言在短期内迅速广泛传播。

由于信息传播的主要的言论是多元化的，并且可以对信息进行不公开的传播，传播的这个特性使得人们不能对信息的真实有效性做出准确的判断。这就导致了这些电子信息的传播的速度和实时传播的速度是一样的。由于网络上信息发布平台的媒介性的特点，一些不真实的消息会通过微信的公众号、订阅号、群组等迅速地进行传播，这样的传播方式改变了之前信息传播的方式。有的，微信用户不去评判这些信息的真假，就随意地进行转发、分享，在自己还没有觉察的情况下，就成了谣言传播者的"帮凶"，同时自身也是受害者。这是由于在微信信息的传播中缺少对信息的审核，没有对这些信息的真假进行鉴定。而用户个人微信上的信息进行传播时，主要是依靠自己道德素质水平的高低来进行的，有些企业的公众号，对信息的审核有的企业表现得不错，但是有的企业为了博眼球，总是会传播虚假的消息。综上所述，没有检验真假的信息传播出去，人们不能对微信上的信息做出正确的判断，微信信息的接收者也不能够正确地区分信息的真伪，对看到的信息随意地进行转发，导致了谣言的传播。

流言内容带有强烈的煽动性。虽然微信在朋友圈内部是以实名为主，但其传播的内容往往信息源渠道颇多、来源不明，所以以讹传讹。稍有不慎，极易引发矛盾与冲突。匿名性更是导致了微信平台下种种谣言的传播与蔓延。在信息传播时，有的人会以"本人亲眼所见"等字眼对虚假的信息进行传播，这些都是通过信息不对称的方式来影响人们的情绪。

流言内容带有失真色彩。例如2015年初天津教育局公布"小升初教改新政"后，一些以"买学片房不一定能上重点中学，房子白买了"为标题的内容引起网民大规模转发。但实际在新政出台前，天津市内六区小升初招生办法中就已规定了多所小学对应多所中学的实施方案，多数小学的划片方法与之前所试行办法并无差异，而这次教学改革真正值得注意的地方如教师轮岗、私立初中招生办法等新政反而淹没在巨大的信息流言中，没有引起有关部门足够的重视。

传受者接受并转发流言的原因分析如下。

利益相关。"利益"一词最早由英国经济学亚当·斯密在其代表性著作《国富论》一书中，进行了详细的论述。出现了一系列与利益相关的词语，如利益表达、利益获得、利益损失、利益相关等。其中利益相关者理论最为著名。利益相关者，即在现实生活中具有直接或间接利益关联的社会成员所构成的群体，这部分群体由于具有相同或者相似的利益需求，因而，在表达自身需求方面也具有一定的相似性或者说共同性。流言止于智者，从利益相关的角度来看，流言却很难止于智者，因为，在利益面前，流言具有扩大化的效果。也就是说，在利益相关联面前，流言更多的是作为获得更多利益的工具而存在，因而，其存在本身功利色彩浓厚。利益相关联使得大众在谣言面前更容易听风是雨，配合着猎奇心理的驱使，大家相互附和，快速传播，造成的社会恶劣影响可想而知。

猎奇心理。猎奇心理是受众接受并快速转发谣言的一个最为直接的关联因素。猎奇心人人有之，正确使用，可以成为我们追求创新、努力向上的积极因素；一旦被错误使用则很有可能成为危害社会成员身心健康、破坏社会正常运转秩序的不良因素。猎奇心理还具有进一步深化的特点，即起初我们好奇、感兴趣的可能只是某一事物或某一具体对象表面化的特征，随着时间的推移，我们猎奇的对象或者重点发生了变化，由外及内，从事物或者人物的表面深入到了事物或者人物的内在，这种贪婪的猎奇欲望此时极有可能驱使我们走向违法的深渊，酿下悲惨的后果。

道德绑架。这种情况屡见不鲜，原因在于其背后隐藏着巨大的现实利益，它利用了人类先天普遍具有的同情心，借助于社会舆论事件，如拐卖儿童、慈善捐款等，以此从道德的角度来绑架人们普遍的同情心。面对一些弱势群体，我们如果不伸出自己的援手，仿佛自己就是种种不幸的推波助澜者，这种错觉使得流言进一步绑架了传统的道德体系。与其他方式的道德绑架不同，微信流言道德绑架所涉及的范围更加广泛、所涉及的对象更加多样化，因其自身具有的匿名性的特点，一旦道德绑架蔓延到公众账号或者微信聊天群，其所波及的范围更大，产生的社会影响也更大。

5.1.4 以色情、恶搞、暴力等为主的低俗泛滥现象

任何新事物都如同一把双刃剑。科学技术的飞速发展在给人们带来生活方式与质量显著改善的同时，也对人们的生活提出了新的挑战，对人们的生活产生了某些负面的影响。可以说，由于微信的特性，它传播消息时具有正向的效应，也还有着负面的效应。由于微信用户的使用人数不断地增加，传播信息的影响也迅速扩大了，与此同时也产生了很多的问题，例如谣言泛滥，有的微商进行恶意营销干扰了人们使用微信的体验，甚至威胁到微信的长远发展。微信的以色情、恶搞、暴力等为主的低速泛滥现象，主要体现在以下三个方面：传播内容的碎片化、传播方式的庸俗化、大众传播的薄弱化。下面分别就这三点进行简单的介绍。

碎片化的传播内容。我们每天都要面对着成千上万的铺天盖地的大量的信息资源，这些信息资源有些对我们是有用的，然而大多数并没有什么实用意义与价值。微信以碎片化的传播形式与内容悄无声息地深入我们日常的生活之中，使我们对微信本身产生了严重的依赖。依赖程度的提升意味着视觉审美疲劳，这种视觉审美疲劳有可能误导我们进入歧途，无法在浩如烟海的信息的海洋里看清未来的方向，从而实现进一步的发展与进步。碎片化的传播内容本身意味着大量有用信息的缺失与无用，当前信息传播最大的特点在于

它的及时性与快捷性，在每天不断更新的海量信息资源中如何寻找到对自己有价值的信息资源变得更加困难与棘手。因此，直接导致了有用的信息资源的缺失，我们已经无法确定哪些资源对自身是有用的，哪些资源对自身又是无用的，这种模棱两可的界定与认知很大程度上影响着我们关于当前整个世界的体验，微信内容的碎片化意味着整合多种信息资源难度的增加，整合的难以实现，无疑加重了甄别各类信息资源的难度，这将对未来我们筛选多样化的信息资源提出更为严峻的挑战。

庸俗化的传播方式。这里的微信传播方式的庸俗化是与低俗化、恶俗化不同的一个概念，但是却同属于"三俗"的范畴之内。庸俗化的传播方式，很大程度上内含着暴力、色情、作秀等颠覆传统的传播手段。基于此，我们每天都能接触到各式各样的庸俗化的传播方式。庸俗化的传播方式本身要求我们增强明辨是非的能力，切实提高甄选真善美的能力。因此，微信传播方式的变革也是迫在眉睫的。

2017 年 6 月 7 日，北京市网信办约谈新浪微博、今日头条、腾讯等网络信息平台，并永久"封杀"了一批"内容低俗"的违规自媒体账号。随后，广东省网信办责令腾讯永久关闭了 30 个违规公众号。这些网络平台被约谈，主要是因为传播庸俗的信息。今日头条客户端向用户推送"艳俗"直播平台火山直播的相关消息，内容涉及大量穿着暴露的女主播和低俗不堪的表演。今日头条"头条问答"栏目近期多次登载低俗"庸俗讨论话题"，而回答内容同样"低俗无聊"。有媒体评价，今日头条就像一个巨大的"信息垃圾场",通过持续迎合人性中低俗、阴暗的部分和固化的审美趣味,给用户喂养毫无营养却容易"上瘾"的"垃圾信息",以此成就自身的巨大流量。追求信息质量的用户因此对平台"敬而远之",留下偏好低门槛内容的用户,不断在嚼食机器推荐信息的过程中强化其固有的内容取向,形成恶性循环。

薄弱化的大众传播。这种薄弱化主要体现在微信传播所产生的效力上的薄弱化。目前除了微信这一常用的传播媒介之外,还有QQ、MSN 等多种移动终端传播 App。多种多样的传播媒介为用户提供了多样化的选择,与此同时,也增加了甄别的难度与复杂程度。薄弱化的传播能力使得微信本身难以产生辐射性的发散效果,难以触及更深更广的受众群体,因此,其传播本身并不像我们所预测的那样坚挺。薄弱化的传播效果也进一步弱化了微信电脑终端的传播影响能力,当微信的影响力与辐射效果仅仅局限于手机移动终端的时候,可以预测,电脑用户的流失就成为难以避免的事实。

5.1.5　对个人隐私权侵犯为主的隐私受侵现象

网络侵权主要表现在两个方面:网络侵犯他人隐私权与网络侵犯他人知识产权。微信的准实名制与个性化服务的"私人定制"是其区别于其他网络客户端的显著特点之一。微信自身所具有的私密性,使得微信用户更容易面临权利受侵的局面。

恶意侵犯他人的隐私权,主要表现为不经过他人的同意,利用网络技术恶意窃取他人的隐私信息,并在网络上恶意公开散播他人的个人隐私信息。从技术层面来讲,网络传播的信息一般在网络空间传播并没有技术屏蔽，也就是说网民们的个人信息在网络空间是极不安全的。任何信息只要放上了互联网，就有可能被任何其他利益主体获取，并以此作为谋取网络利益的工具或者资源。在网络上，我们一般把侵犯个人隐私权的职业网络人叫作"黑客"。伴随着科技发展而产生的电脑"黑客"和各类病毒攻击力强大，商业网站或者机构网站一般并没有保护网民个人隐私和信息安全的抗风险能力。如2016年雅虎公司15亿人次用户数据泄露事件就被称为史上最大规模的黑客攻击。2016年山东临沂准大学徐玉玉电信诈骗案中，诈骗分子使用的数据就是经由犯罪嫌疑人入侵教育系统网站获取的。网络隐私信息被盗窃，目前为止还是一个比较普遍的网络现象。近年来，大规模的数据泄露事件层出不穷，个人信息非法交易的黑色产业链日臻成熟。在巨额利益的驱动下，个人信息黑色产业链从漏洞挖掘、入侵工具开发销售、拖库洗库到实施身份盗窃、诈骗勒索等，都形成了专业化的分工。犯罪平台组织高度结构化、角色和责任分工专门化是普遍现象。根据公安部2016年4月到9月披露的数据看，专项打击整治网络侵犯公民个人犯罪的行动中缴获公民信息290余亿条，清理违法有害信息达到42万余条。根据在2016年公布的我国网民的权益保护的调查报告的数据可以看出，有54%以上的网民有自身信息被泄露的经历，有84%的网民体会到了信息泄露所产生的影响。目前我国公民的信息泄露和侵犯公民个人信息犯罪的形势异常严峻，信息泄露已经成为敲诈勒索、网络盗窃、暴力追债和电信诈骗、恶意注册、非法查询个人信息服务等违法违规活动的源头，值得学界和业界高度警惕与重视。

　　微信用户所面临的隐私权受侵害离不开新名词"人肉搜索"。其搜索对象一般具有特殊性，是当下话题性人物，是涉及炒作、犯罪、出轨、腐败或其他敏感性话题的人物。或者是存在不当言行的普通人，比如随地大小便、在名胜古迹刻名字、地铁上辱骂外地人，因为引起公愤而遭到网民众人肉搜索。往往这些人的个人信息、家庭信息、照片等等都会被网民通过各种途径搜索出来并且未经允许散布到各个网站、论坛、贴吧等网络公共平台。这些行为在一定程度上也冲击着人们对网络侵权道德底线的认知。大多数网民认为"人肉搜索"并不属于侵犯他人隐私权，因为这些被"人肉"的人往往都是由于自己的过失行为或是不当言行而被人们打上"不道德"的标签，而公布他们的个人信息是为了呼吁网络社会乃至现实社会对他们进行道德谴责。但网民没有考虑到的是，即使是在现实社会，犯罪分子也有维护自己隐私的权利，更何况是网络上仅仅触犯道德底线还未涉及犯罪的人。网民应当确保自己在网络环境中保持理智，不偏激、不信谣、不传谣。在对别人进行道德谴责的同时，保证自己不要触犯道德底线。

　　网络是技术更新和知识更新的产物，同时也是知识传播的广阔平台，知识的传播是需要规范和保护的，这主要得益于知识产权法的保护。目前，在网络上，由于立法的滞后性，网络侵犯他人知识产权的现象还是比较普遍的。因为自媒体的传播门槛较低，任何人都可以成为这些信息的制造者还有传播者，在信息制作和传播的过程中，有的公众号的文章还没有经过原创的肯定和授权就开始进行传播，严重地影响了信息传播的准确性。这一行为，就是侵犯他人的著作权、专利权、商标权，也就是在恶意侵犯网络上的知识产权。最知名的案件是我国首起因为网络著作权侵权引发的纠纷案，作家上告"北京在线"栏目，这还仅仅是个例，案件并没有引发足够的重视，想一想平时在微信阅读中，不难发现，同一文章和观点出现在不同的个人、微信公众号、订阅号的推送平台上，没有任何解释说明的文字，类似现象层出不穷。目前，由于我们国家没有相关的规范政策对网络版权的问题进行规范要求，因此不存在对权利侵犯者进行处罚的问题，在自媒体平台中存在很多权利侵犯的问题，信息传播者的合法的权益不能得到有效的。随着网络技术的飞跃发展，网络侵犯行为除了知识产权、专利权、商标权和著作权以外，还包括对商业机密的窃取和侵犯。其社会危害比较严重，不仅损害了被侵犯者的经济利益，也影响了市场经济秩序的规范和有序，比如 2016 年 5 月山东菏泽警方侦破的一起定制型贩卖个人信息的案件中，所有被倒卖的征信信息都是从河南省信阳市两个银行员工那里流出来的，而快递信息则是经过顺丰快递公司上海站的一个仓库保管员那里流出来的。类似现象不仅反映出企业内部对商业信息数据管理松散，影响了用户或者顾客的忠诚度，也使得社会诚信力下降。市场经济时代不仅是信息时代，也是知识经济时代，更应该是健全的法制时代，因此，对于网络侵权行为，社会、公民、企业、相关执法部门应该联合起来，共同治理和应对。

5.1.6 推送广告、强制链接下载、流氓微信号等其他现象

微信的出现，给一些企业或者组织机构提供了巨大的盈利空

间，许多商家看中了这一潜在的商机，纷纷采取各种机会宣传自己的品牌、扩大自己的影响。与此同时，给微信安全带来了一些漏洞，如黑客、木马的存在，本身就是对互联网络的一种巨大的威胁。一些个人或者公众账号推送的强制下载链接甚至是一些流氓微信号的存在都对微信的监督与管理提出了更高的要求。与其他传统社交软件相比较，微信本身因其用户数量多、使用范围广、传播渠道多等特点，给自身的监管带来了许多的麻烦与困难。多种多样的渠道给不法分子提供了借助于强制下载链接或者流氓微信号的方式对微信用户个人的信息进行渗透，从而侵犯微信用户个人的隐私权，使得微信用户的人身财产安全受到严重的威胁。

　　因为看到微信朋友圈潜在的购买力和对受众的影响力，众多商家选择与微信合作，进行基于大数据分析下的推送，比如化妆品牌兰蔻、迪奥，汽车品牌路虎、捷豹、宝马等，很多都是高端的一线品牌，这些商家看重的是基于大数据的受众购买力精准定位，由于微信定点推送的不可抗拒性和终端接受率，受众没有拒绝的方式和选择的余地。这一特征将会得到商家更广泛的认同，推送的内容更为丰富，涵盖的范围更为广泛，其中推送信息的真假更为难辨，把关人的缺失势必会让强制推送的广告成为下一步自媒体秩序治理的重点。强制链接下载更多体现在微信公众号平台的推送文章上，阅读过程中弹窗式广告的插入，关闭过程只要触碰就会出现链接下载地址并自行进行下载，一方面耗费使用者的流量，另一方面下载后的内容绝大部分依然和流量、资费相挂钩，成为绕不开的雷区。商家通过付费的方式排名靠前，容易给消费者造成误导。在网上查资料、看小说、购物时，网页四周总有各种突然弹出的小广告，而且很难关闭，有时还会跳出其他的广告或游戏页面，不胜其烦。

微信的摇一摇功能、添加身边人、关键字搜索特定公众号、面对面建群等功能，被某些不良网民加以利用，成为推送色情信息、从事色情活动的便利平台和方式，迎合低俗趣味，因为隐蔽性强，治理难度大，成为不良网民规避打击治理的避风港。

相信随着移动智能设备更新换代及国家相关法规的出台，除微信平台出现的推送广告、强制链接下载、流氓微信号等现象外，还会有其他一些现象威胁微信使用的正常秩序，破坏和谐的网络生态环境，干扰虚拟社会的良性运行与协调发展。这些都必须得到治理。

5.1.7 滴滴出行、微信运动、小程序与用户信息泄密的强制性

不少人都坐过滴滴的顺风车。人们不打快车、专车而选择顺风车，看中的是它绿色出行的环保理念。可是，滴滴的顺风车并不是简单的拼车，背后还有不为人知的另一面。可能正是因为这"另一面"没有多少人知道，所以才对潜在的风险缺少认知，更谈不到加强防范。滴滴在顺风车业务的引导页面上，希望用户填写更详细的个人资料，包括年龄段和职业。但滴滴并没有向用户明示，顺风车主在接单时，司机是可以看到这些信息的。而实际上，这些信息未经乘客同意，已经"报"给了顺风车司机。更令人不解的是，行程结束后司机还可以对乘客进行评价，评价内容可以留言，也可以从

滴滴设置的"标准选项"中选，其中就有"颜值爆表""声音甜美"等对乘客容貌的描述。乘客一直被蒙在鼓里，并不知道自己的隐私已经被泄露。因为司机们的"评价"乘客是看不到的，只有对司机进行评价后才能看到。试想，顺风车对乘客来说不过就是一交通工具，有多少人会留意司机的外貌和素质？更不要说加关注留言了。把乘客变成了"透明人"，让司机有了更大的选择余地，即便是顺路，仍然可以"人多不拉""长得丑不拉"。这不但拉低司机的职业道德，还可能引发司机载客的不良行为，年轻貌美的乘客抢着拉，甚至可以绕道"专程"接送。顺风车变了味，对被选中的乘客特别是漂亮姑娘来说，危险系数明显增加。

"微信运动"相信大家都不陌生，大家也都能看到里面的排行榜，甚至有很多人之所以每天走路，是为了能在这个排行榜上取得一个靠前的名次，甚至占领封面。不过，经过分析，发现微信运动竟然会泄露用户信息。具体来说是"泄露"用户的身份信息。50步内，在家躺一天就是这数据，对此，有人调侃"这类人要么就是生病了，要么就是失恋了"。50—500步，则是，"这类人70%是游戏玩家"。他们在游戏更新那一天就会出现这样的数据，因为只有走出被窝才能玩到电脑游戏。并且游戏宅们基本都会认为，走出被窝的一步，是人类最伟大的一步。而剩下的30%，则是"假期最后一天，窝在家里刷作业的学生"；或者"试穿 N 件衣服后，却始终找不到合适的，在心烦意燥下大喊'不出门算啦!'的女生"。500－8000步，这是最平常的数据，代表就是"过着日复一日规律生活的学生和上班族"。这类人基本处于微信运动排行榜的中游位置，那么如果在这个位置都能被点赞，那一定是"有人在默默地关注你"。如果这样的情况每天都发生，那么"这个关注你的人一定是你的父母"……8000－30000 步，出现这个数据的，大部分就是"一部分住的远的上班族、销售行业人员、旅游达人、剧组工作人员"了，这类人一天在多个地点转移，属于外向型人群。当然也有可能是，"在周末女生逛个街以及男生被押着逛街，或者宅男去漫展"什么的。30000 步以上，达到这样数据的人很少，这类人"起早贪黑，靠体力谋生"。比如那些撑起我们的日常生活的外卖骑士、快递小哥以及搬运工、环卫工人和一些自己创业的创业者。

5.1.8 微信转载对原创内容知识产权的侵权

微信转载不能简单地认定为合理使用或者侵权，要看具体使用的情形和行为人主观动机，同时判定这种行为是否符合著作权人的意愿以及对著作权人利益的影响。原则上，符合著作权人的意愿（著作权人一般不会反对或禁止），对其没有什么损害，但有利于在微信空间及时、有效地传播信息、思想，那么就应认定为合理使用行为。一般来讲，微信公众号转载他人享有著作权的作品，如果原作者没有声明禁止转载，那么从微信这个小范围的公共平台的性质和转载作品的目的来看，不应当视为著作权侵权。不过，如果"改头换面冒称原创"，则构成著作权侵权。

按照我国现行著作权法律规范，微信公众号未经授权转载他人作品（无论是原创作品、授权作品还是演绎作品），都不属于合理使用，也不属于法定许可及"准法定许可"，涉嫌侵犯该作品的著作权。最高院司法解释曾规定过"报刊转载准法定许可"适用于互联网传播，但随后又删除了该规定。故同样属于网上传播的微信公众号转载，目前也不适用"报刊转载准法定许可"制度。按照现行法律规范，对于微信公众号未经授权转载的文章，其中清楚标明了作者及出处的，虽然没有侵犯其署名权，但仍然侵犯其信息网络传播权。如果不仅没有标注作者出处，甚至改头换面冒称原创的，那么既侵犯了相关信息网络传播权的著作权财产权利，也侵犯了相关的署名权等精神权利。

微信公众号是向微信用户发布信息的平台，只要微信用户加了该微信公众号，随时随地可以通过信息网络获取该微信公众号上发布的信息。因此，微信公众号向微信用户发布信息的行为应该属于受著作权人控制的"信息网络传播"行为，即向公众提供作品，可以使公众在其个人选定的时间或地点获取该作品的行为。微信公众号转载的信息大多来自互联网上已经存在的信息，也有来自非互联网（比如书籍、期刊、报纸、音像制品、电视等媒体）的信息。这些信息如果属于享有著作权的作品，就涉及需要取得著作权人许可并付费的问题。

另外，微信朋友圈转发与微信公众号转载性质有所不同。前者是否为合理使用，需要探讨。如果一个作品仅仅在数量有限的微信朋友圈内私下转发，一般不属于向公众传播的行为。但值得注意的是，随着微信群人数的扩张，现在微信的应用已经慢慢地走向更大范围的"朋友"圈，微信群具有了私人交流之外的公共传播功能，有的微信圈是基于某个专业领域设立的，圈内的"朋友"之间其实是临时认识的，大多从未谋面，这种圈内转发与公共传播已经没有多少实质性差异。在这样的情况下，在私人圈内转发他人作品，是否仍可以主张免责，就值得商榷了。

5.2　探究微传播伦理失范的根源

本节将从微信网络社群传播的固有特征、以市场为导向的过度逐利行为、网络传播形式与主体道德规范不健全、网络监管制度及法律法规不健全、特定群体驾驭"跨场"传播能力不足以及价值观变异等方面对微传播伦理失范的根源加以分析。

5.2.1　微信作为群体传播的固有缺陷

微信网络社群作为网络社会的一部分，同样具有虚拟性和开放性的特点，其网络社会的虚拟性体现在虚拟的微信网络空间或者网络主体可以利用的虚拟的网络身份，在网络社会中以虚拟身份进行人际交往；微信网络社会的开放性则体现在网络社会信息传播的自由性，其发布和传输信息的门槛低、成本低，而且不受时空的限制。在微信网络社群中，网络主体可以利用虚拟身份去随心所欲传播不实信息、发泄不满情绪、对他人进行中伤或者诽谤，而不必担心要为自己的言论承担责任，从而造成微信网络伦理失范问题频发。

1）微信网络社群的虚拟性为网络伦理失范行为提供了便利的

条件。

在现实社会中，人与人之间的交往受到现实时间和空间的限制，人与人之间的联系主要依靠现实社会的存在维系基础人际关系。而在微信虚拟网络社会里，人与人之间的交往以数字符号为媒介的虚拟交往形式来维系。网络信息传播具有"数字化"的特点。数字化决定了虚拟化，虚拟化为微信网络失信提供了便利。在虚拟的微信网络社会，人们可以利用虚拟的身份进行交往。虚拟网络上，人们的身份具有匿名性，行为不受限制，网上没有个人资料的详细记载。网络的虚拟性使网民可以用虚拟身份进行交流，不用考虑言行一致，也不用为自己的言论承担后果，不受约束也不必负责。

在微信网络社群中，人们因可以隐瞒自己现实生活里的真实身份、真实信息，所以没有在现实社会中可能由于身份所受到的行为限制，这种"匿名"性所带来的前所未有的自由感、无约束感，体现在微信网络生活中，表现为发泄现实生活里的压抑、愤怒情绪。部分网民在行为上通常会表现出与现实社会道德标准截然不同的言行举止。这也导致了一些不道德的人利用微信网络的虚拟性违背现实社会的道德规范，在微信网络中做着他们在现实社会里不敢做、不能做的事，从而造成微信网络伦理失范问题的产生，而这些问题往往就是微信网络社会对现实社会里的投射。

2）微信网络社群的开放性为微信网络伦理失范行为提供了场所。

网络社会的开放性是微信网络传播伦理失范行为产生的根源。

网络社会与现实社会在社会组成方面是完全不同的。现实社会结构清晰，是自上而下的金字塔式结构，每一层和每一层之间都有着权利的制约和联系，共同维护着社会的稳定发展。而虚拟网络社会的结构是一个自由的、开放的松散型社会，它没有阶层之分，没有最高的领导，也没有设置一个中央控制中心，所有的计算机都是一个独立自由的个体，所有的计算机都可以不受到组织、机构的控制和管理，网络社会中的每一个网络主体都是具有充分自由性的个体。在网络社会里，每个人都有发言权，但每个人都没有绝对的发言权和控制权。有学者观点认为网络是一个开放的、无政府主义的空间。微信网络的自由特征、虚拟特征、开放特征，带来的弊端是网民行为不受控制、不受规范甚至不具合法性。这在一定程度上助长了微信网络谣言、网络诈骗、网络侵权、网络炒作、网络暴力等微信网络伦理失范现象。

5.2.2 以市场为导向的过度逐利行为

市场经济是以利润为内生驱动力的经济，但同时市场经济也应该是道德经济。但是，许多人只看到了前者，而忽视了后者，于是造成了网络伦理失范现象的发生。在虚拟网络社会中，很大一部分伦理道德失范行为的背后都存在经济利益的驱使，而正是由于这些不正当的经济利益和商业利益的驱使，人们可以为了利益而藐视道德、无视法律。

在虚拟网络社会这个道德真空地带，逐利者更加任意妄为、肆意践踏法律、肆意践踏人性的道德良知。在微信社群的传播中，为追逐不正当利益，催生出很多特殊职业、特殊群体。最典型的当属"网络水军"。这一群体受雇于网络公关公司，为商家造势，渲染口碑。在微信平台表现在为各类评比拉票刷票，现在的微信投票琳琅满目、种类繁多，有各类旅游胜地、最美城市、最佳餐厅的评选，有优秀学生、优秀老师、优秀工作者评选的官方活动，也有最受欢迎的文章、照片等求点赞、求打赏的活动。因为目标激励、名次竞争，所以很多参选者选择雇佣"网络水军"进行刷票参评，求得好名次，甚至很多还要雇佣"网络水军"刷评论、回帖，形成舆论导向，引导不知情网民跟风评论，宣传造势。这样的行为既违背了各类评选比赛的公平性原则，其结果也与实际情况大相径庭，对受众是一种隐瞒式伤害。

5.2.3　微传播的便捷性与主体道德的不可控性

从网络传播形式上讲，最早互联网的建立是始于军事上的需要，互联网建立初期，在人们的眼里，互联网属技术工具，人文关怀尚未提及。每个人都生活在两个"社会"之中。一个是有真实身份的现实世界，一个是没有真实身份的网络虚拟世界。两个社会、两套标准，现实社会行为规范比较多，人们的一言一行都受到现实社会道德规范的限制，而网络社会行为规范较少。传播色情信息、私看别人信件、互相谩骂、人身攻击、人肉搜索等不良言行在网络领域司空见惯。真实社会与虚拟社会两个价值体系的冲突和碰撞，必然导致网络社会道德体系的弱化。整个网络社会道德体系的弱化必然会影响到网络信息的传播，网络信息的传播原本就具有扩散性和传递性，因此，一旦社会道德体系对人们的伦理失范行为不能做出及时的判断，那么势必会扰乱现有的道德规范体系，扰乱人们的真假是非、善恶辨别及分析判断能力。

从网络传播主体——"人"这一层面上讲，当下网络主体道德意识薄弱主要表现为：网民在网络空间中的自我控制与行为约束不足。虚拟网络主体在网络空间中的交往过程中，往往很难对自身在虚拟网络中的言行进行自我控制和行为约束。当前我国网民结构构成中，25 岁以下的青少年占了绝大部分比重，而学生群体又占了绝大部分。在现实社会中，他们的社会交往行为普遍都会受到学校、家庭与社会等相关群体、组织的监督和规约；在现实生活中，法律规范和社会道德约束对他们的言行的确有着一些明确的规范和约束。但在虚拟的网络空间里，这一网络群体言行往往趋于极端性和不可控制性，他们的网络言论里往往会充斥着非理性的、恶意的言语攻击成分。因为过度的言论自由会导致虚拟网络主体在网络空间中对自己的言行不负责任，肆意攻击在网络中表达思想的其他网民。这说明了虚拟网络言论自由是相对的，对于年轻的、不成熟的网络主体来说，网络言论自由仅仅只是言论自由而已，并不能完全代表思想的自由。由于网络主体的自我控制力普遍较差，对于信息传播的责任意识和辨别意识较为薄弱，再加上受从众心理的影响，网络不良信息的广泛传播得到了助长。

5.2.4　网络监管制度及法律法规不健全

网络社会的法律规范缺位、网络立法滞后性造成网络伦理失范行为不能得到有关部门及时的规范纠正。目前现实社会世界中的伦理道德规范并没有运用到虚拟网络社会的运行之中。因此，我们日常接触到的虚拟网络社会往往既无现实社会传统道德规范的制约，又无虚拟社会新的网络道德规范的约束，处于一种法律形同虚设、道德真空的运行状态之中。

网络立法因为涉及多方权益，加之网络空间的特殊性，学界也存在一些争论。一些人主张微信网络立法应该由网络主体自发地形成网络规范，用以自发地遵守与实践。可是我们看到的事实是，作为网络主体的公民本身，其道德约束力和法律控制力还很弱，而由网络主体自发形成的网络规范往往只是进行道德上的谴责，甚至道德的标准都无法完全统一，所以对于网络伦理失范行为的规范效果也并不乐观。互联网最初的设计目的是便于学术上的交流与日常的交往，具有开放性和自由性，管理上亦比较松散、不具有强制性。互联网不具备自我控制、自我规范的能力，它担负不起制定法律规范的重要责任与使命。在我国大部分地区，互联网形成的时间还是比较短暂的，人们在最初接触到虚拟互联网络并使用互联网络时，一般还没有考虑到法律法规的有关问题，网络法律法规不能及时地建立健全，从而导致了虚拟网络谣言、网络欺诈、网络暴力、网络侵犯、网络犯罪等微信网络伦理失范现象的产生。后来，我国政府也相应地采取了一些补救措施，这些补救措施大多是由行业部门出台的相关行政管理规定，这些行业规范只是应急的补救性措施，并非长期可循的、稳定的法律法规，也就是说缺少系统性和前瞻性。截至目前，当人们遇到网络一些违反道德规范的新问题新现象时，找不出一些相应的法律法规治理手段。

在我国，网络立法进程相比于瞬息万变、突飞猛进的网络空间发展态势而言，还是相对滞后的。网络技术的高速发展，从新闻到论坛到博客再到微博、微信，立法跟不上网络的发展步伐。目前虽已有针对性地制定了部分相应的网络法律法规，公安部也相继制订出台了一些计算机使用、信息安全保护、计算机软件保护方面的管理要求。但是，相对于国际水平，我国对计算机使用规范方面、信息技术保护、软件权利保护方面的法律法规较为滞后。尤其是针对网络不道德信息制造、不道德信息传播、网络诈骗、网络实名制方面的立法更为滞后。监管与法律法规是伦理的底线，底线的薄弱势必导致网络失范行为泛滥。

5.2.5　特定群体驾驭"跨场"传播能力不足

虚拟网络主体在网络空间的交往过程中，往往很难对自身在虚拟网络中的言行进行有效的自我控制和行为约束。微信每年的用户数据报告显示：微信公众号文章的原创内容90%以上来自于1995年以后出生的青少年，可以说，低学历、年龄小的用户群体占了微信用户大部分比重，这一群体接受新鲜事物的时间短、适应力强。但是这一用户群体在现实社会中，其社会交往行为普遍受到学校、家庭与社会等相关群体、组织的监督和规范。尤其是现实生活中相应的法律法规、校园规章制度和社会道德约束对他们的言行有明确的要求，特别是禁止性要求居多，对行为约束力很强。但在虚拟的网络空间里，由于相关的网络法律规范和网络监督机制的长期缺位，身份的匿名性、责任意识的淡薄使得年轻的网络主体在网络空间中的言行得不到相应的监督和约束，也很难实现网民个体具有自觉性的自我约束，这就为青年群体特别是青年学生在虚拟网络空间道德失范行为埋下了隐患。

虚拟网络带给人们前所未有的言论自由空间，网络主体可以在网络空间里自由地表达自己的思想，讨论的话题、表达的方式、表达的频次不再受约束。但网络言论自由并不能完全代表网络言论主体思想的自由。而且在虚拟网络社会里，年轻的网络主体言行往往趋于极端性和不可控制性，和其他年龄段比较，特别是与年龄偏大的网民相比，后者更具有理性思考能力，人生观、价值观、世界观大多已经成形，不容易受多元化的思潮干扰，言行更具有思辨性。年轻的网络主体面对网络事件往往容易第一时间发声，积极主动在虚拟网络事件中建言献策，其言论容易受到引导，受从众心理的影响，会充斥非理性的、恶意的言语。特定的青少年群体成长过程中由于逆反心理的作用，年轻的网络主体更愿意以言论的自由来彰显其思想的自由。

由于特定主体的自我控制力普遍较差，缺少对事物本质的思辨能力，对于信息传播的责任意识和辨别意识薄弱，面对错综复杂的网络现象和别有用心的舆论事件时，其偏激、暴力、极端的言论非常容易助长网络谣言等不良信息广泛传播。所以，当面对网络空间和现实空间交互渗透日益增强的现状，特定主体必须学会在两个空间的身份中自由切换。一方面要抵抗住两个空间约束力强与弱的巨大反差带来的行为自由的诱惑力，学会自律，抵抗住网络空间自由与开放所带来的言论行为无约束性。另一方面青少年学生还要掌握如何在两个空间实现身份切换，在网络空间中所扮演的身份，比如网游中的强者、购物平台的推销人员、论坛上的大 V 或牛人，要能与现实空间所扮演的学生角色实现良好过渡与转换，要能够在"跨场"的状态下保证行为的规范性，避免长期的多重身份造成心理上的扭曲和行为上的失范。

5.2.6　网络冲击下价值观的多元异变

多党制学说、自由化思潮、人权至上论、泛文化主义甚至宗教激进主义等各类学说与思想潮流在网络上纷纷登场，充分利用网络广泛地传播自己的主张，扩大自己的影响。人们在网络中可以接触到各种类型的意识形态、各种取向的政治学说、各种取向的价值观，这必然会冲击我国社会主义主流意识形态的影响力。以我国为例，网络上对于资本主义发达国家政治制度和政治事件的报道和宣传，使得部分社会成员盲目信仰资本主义所谓的"民主自由"。网络上传播的海量的信息和便捷的传播方式带来了文化领域的广泛交流。但进行文化交流的同时，享乐主义、利己主义的人生观和价值观，极尽奢侈过度消费的生活方式，色情暴力的宣扬都一并而来。由于发达国家在信息网络化的过程中占据了技术优势，在这场以经济、权力和技术实力为基础的对比当中，像中国这样的发展中国家在这场竞争中处于守势地位，在与西方意识形态的竞争和较量中暂处于弱势地位。这种势能上的强弱虽然不能决定多元价值观的性质孰优孰劣，但这种不平衡在一定程度上会影响人们对不同意识形态思想的评价。所以网络的冲击所导致的差异的扩大，强化了强势意识形态对弱势意识形态的排斥和对弱势意识形态主体的吸引力，使得中国的一部分人盲目追随西方的政治体系和理论，影响了我国主流意识形态和社会主义核心价值观对现实社会及网络社会的控制力。

第六章

微传播伦理失范的治理路径

　　微信作为互联网时代以信息分享为核心的代表性社交媒体工具，其用户群体短短数年内实现了快速扩张，多元化的传播主体在微信平台通过文字、图片、音像、视频、表情包等元素实现信息的共享，达到知识传播、生活交往、情感交流、休闲娱乐、购物消费等目的。人们感受到微信带来的便捷、生动、精准的使用体验，同时，也面临着因为虚拟空间的身份匿名性、真实身体的缺场、信息的半私密性、传播裂变性等特点所引发的一系列网络空间不容回避的传播伦理失范问题。网络社会作为一种新生的事物存在，如何规范网络行为目前还缺少共识，因此也就让网络空间成了一个缺乏有效监督的空白地带，更是为上述所说的失范行为和现象提供了"自由"的天地。网络传播过程中出现的失范问题表现在观念层面上有之，制度层面上有之，行为层面上有之，具体表现形式前文已有详细描述，在此不再赘述。

　　当人们认识到什么是互联网、什么是网络社会，也就经历了从"技术时空"到"新媒体"的思想转变，就对网络空间的"亚社会"特征高度重视起来。十八届三中全会提出了"加强和创新社会治理"的战略目标，指出"坚持依法治理，加强法制保障，运用法治思维和法治方式化解社会矛盾。坚持综合治理，强化道德约束，规范社会行为，调节利益关系，协调社会关系，解决社会问题"（《十八届三中全会公报》）。可以说，对网络空间伦理失范问题的治理已经逐渐成了国家治理的重要内容。因为网络空间伦理失范治理需要特定的治理模式来支撑，迄今为止，对网络空间伦理失范问题的治理已经逐渐成为国家治理的重要内容。从全球视角看，还没有哪一个国家已经出台或者提出一整套完整的治理模式供人参考，也没有哪一个国家已经专门设立了独立的、相对集中的网络管理机构，事实上更多的都是"各国根据互联网管理的需要和属性，对网络管理职能进行任务分解，按照'功能等同'和'现实对应'的原则"，"在已有的政府管理机构之间进行分配和安排，在现有的国家行政管理体制中默认、授权或者制定某些传统的行政管理机构，来行使互联网的各种政府管理职能"。由此可见，现行的网络治理还不能称之为网络治理模式，更准确地说应该是网络治理的具体安排，绝大多数还是现实社会传统治理体制的延伸。因此，基于前文的数据和分析得出的结论，本文尝试性提出关于网络传播伦理失范治理路径的几点思考，以此对国家构建网络伦理失范治理模式提供几点建议。

　　研究网络伦理治理模式就要首先对网络社会的本质有清晰的认识。网络空间作为以网络技术为物质基础建立起来的一个虚拟的交互平台，它不是孤零零地超脱于现实社会之上的虚幻存在，不是因为其无形无边界就是一种虚无的存在，相反，网络空间本质上是现实社会在每一个领域的延伸，对其本质的认识正是探索网络空间治理模式的伦理基础。

网络社会与现实社会并存且同步甚至超速发展，已经得到广泛共识，人们已经认同当前的人类社会是网络社会和现实社会的统一，这二者都统一于一个主体——人的社会交往和实践。因此对于网络空间伦理失范的治理应当同传统社会或者说现实社会治理在治理目标上具有一致性，也就是要达到解决网络社会存在的矛盾激化、行为失范、关系失衡所引发的一系列问题，明确多元化主体在网络空间伦理失范治理中的权、责、利关系，以德治和法治作为相辅相成的两个基本手段，改进和创新网络伦理失范治理路径，规范失范行为，整顿网络空间秩序，净化网络空间生态，助推网络强国建设。

网络是人类有史以来最伟大的发明之一，它对人类社会未来有不可估量的影响。网络发展及其在多领域的应用，是当今世界不可逆转的大势。当然我们也能够感知到，网络技术在社会各个领域的应用，还只是兴起阶段，并没有完全固化和定型，人们还不能对网络未来的形态以及功能进行精准预测，但可以对网络伦理失范治理模式进行探索，本文认为治理网络伦理失范应该遵循若干基础性的原则。

一从客观的方面进行分析

（1）公共性原则

这一原则是由网络空间特有的自由性、开放性、平等性衍生而来。因为网络空间是一个极度开放包容平等的公共空间。那么在网络空间治理中应遵循的首先就是这一空间具备了公共领域的基本特征、要素和建构的条件。作为网络空间，它是一个共同体，具有公共属性，既不是用国家权力直接可以掌控操作的空间，也不是能够让单纯的个人意志任意展现的平台，它是受众可以自由参与的，但同时也是必须要对每一个参与其中的公众负责的空间。其次是它作为虚拟的一种存在，并不是公共空间的全部，自然也就不能承担现实的公共空间所特有的内容以及空间使命。只是我们必须正视网络空间和现实社会二者的交互作用，目前人们都能够认识到网络空间对于现实空间的影响，更值得注意的是现实社会空间或者可以称之为非网络空间对于网络空间的作用力。最后则是要正确理解网络空间既然已经具备了公共空间的属性，那么它就必须要遵守基本的公共空间应遵守的伦理准则，不能因为它本身的虚拟性、匿名性等特征，而让公共空间遵循的基本伦理准则对它失去效力。

（2）约束性原则

作为公共空间，就必然要存在为了维护公共生活而需要遵守的网络秩序，这种秩序的约束力是网络空间治理发挥效力的根本。首先，网络空间治理要求规范空间秩序，而这种公共秩序必须具有普遍的约束力。那么我们就不能够把网络空间的主体看作是个体化的一种存在，特别是其在本质意义上来说很可能是由网络系统和技术链接起来的新型群体。尽管我们一直强调的是网络空间主体的泛平等性，但这一点更多体现在主体参与的低门槛上。事实上，网络空间中依然存在与现实社会阶层划分不太一致的阶层组合。但是不论身处网络社会的哪一个阶层，网络空间秩序都必须对其拥有约束力。这也是秩序本身的特性之一。其次，网络空间的治理目标之一就是要规范失范行为和网络空间秩序。所谓"没有规矩，难成方圆"。没有约束性的规矩来制约，就不会有一系列的网络空间互动交流的正常的公共生活。当然，我们必须正视这种具备约束力的网络空间秩序不仅仅是指伦理道德层面的"软规范"，更应该包括宪法法律法规条文等的"硬规范"。因为网络空间也是各种群体利益角逐的场所，单纯依靠伦理道德的制约很难达到最佳的效果，目前网络空间出现的各类伦理失范问题就是典型的例证。因此，必须以相关法律法规条文进行约束才能让网络空间秩序真正有序规范起来。最后，前文所述，网络空间和现实空间是交互统一的整体，而保障二者有序共存、和谐相处的就是具有约束性的网络空间秩序。因为网络空间并不是孤立的存在，特定主体在网络空间的行为必然会引起现实社会的波动，那么前者的无序会导致后者的无序，后者的乱象会延伸到前者的乱象。从这个意义上来看，网络空间秩序既是虚拟存在的一种公共秩序，同时也是对现实社会有深刻映射的公共秩序。所以现实社会的公共秩序的强约束性同样适用于网络空间治理的过程中秩序的制定与形成。

（3）反塑性原则

因为网络空间是现实空间在各个领域的延伸，反过来现实空间也对网络空间的产生深刻的映射，因此，这一原则又可以称之为映射性原则，归根结底是因为网络社会和现实社会密不可分、相互映射的本质存在。网络时代，对处于转型期的我国而言，可以说是挑战与机遇并存。网络的功能已经显示了两面性，如果人们可以更好地利用网络，则网络能对整个社会的稳定起到积极作用；反之，它也可能以自己的节奏改变甚至摧毁传统意义上的网络传播伦理的调控机制。因此，理解这一原则可以从两个方面考量：一方面，我们可以从虚拟世界第一位科技哲学家卡斯特和他的著作《网络社会的崛起》中找到答案——卡斯特认为网络重新建构了我们的社会形态，不过网络对于社会的反塑也是全面的结构性的和支配性的。也就是说网络社会运用它自己的逻辑转化了社会生活各个领域内既往的生产关系、权力关系、经验关系。尽管权力依然处在统治地位，仍旧对人们发挥着塑造、支配的作用，但是在网络空间内，原有的权力关系已经翻天覆地地变化着，重组着，原有的社会权力中心被新兴的力量离析并且瓦解，真正掌握着权力的是掌握了连接网络开关机制的主体。这一点也就很好地解释了为什么习近平总书记2016年4月19日网络安全和信息化工作座谈会上发表重要讲话中提出主权要在我们自己手中，核心技术要在我们自己手中。未来社会的发展，网络空间主权问题是权力分配的核心要素。另一方面，这种反塑性还体现在具体到特定主体的身上，因为技术的突飞猛进，人们在现实社会和网络社会可以实现身份的自由切换，零距离的对接。网络生存状态成为现代人必备的一种生存状态之一。那么现实社会已有的思维、行为、习惯、传统等等必将对网络社会产生深刻影响，在网络社会空间秩序与规范的制定上必然发挥重要的作用，在网络社会生态的塑造上必然留有深刻的痕迹。与此同时，我们还要重视网络社会对现实社会的反塑造，因为它在多角度的反塑着现实社会存在的人，这是我们面对网络技术无可逃脱的宿命。现实社会的人们从生活方式、交往方式一步步延伸到思维习惯、交往习惯进而到生存状态，都被以网络技术为物质基础存在的网络空间全方位且持续地反塑着。最终，人们所生存的空间将会达到现实社会和网络社会自由转换、深刻映射的一种状态。

2）从人的方面分析

（1）人是价值构建主导的原则

任何时代、任何时候，人都是社会的主体。不论是现实社会还是网络社会，两种社会的主体都是人。因此，网络社会如同现实社会一样，价值建构的主体和核心都是人。这里的人当然指的是所有的人，包括使用网络空间以及网络空间所涉及的所有的人。人不仅是现实社会的主体，也是网络社会的主体。因此，在网络伦理价值在构建时，应突出强调人的主观能动性，突出强调人的道德自觉性，通过法律规范和道德规范，通过人的道德自律，发挥人的能动作用和主导作用。

（2）自主自律的原则

网络社会的运行缺乏有效的社会监督，要保持网络秩序良好，网民必须要靠道德良知来约束自己、规范自己的行为。网络给网民提供了许多宝贵的信息资源，网民可以自由地使用这些网络信息，可以说，网民在网络空间内，自主的权利是很大的。但网民应该也具备道德自律的义务，应该有自觉维护网络安全、网络环境的义务，网民在使用互联网时，要自觉约束自己、规范自己的言行，自觉做网络的主人，做文明的网络使用者。如果每个网民都做到了文明上网、诚信上网，自觉进行道德自律，那么不良信息传播、网络诈骗、网络犯罪等网络传播中的伦理失范现象将会大大减少。

（3）互惠互利的原则

互惠互利原则要求网络主体在网络社会空间的一切言行，具体来说，就是在不损害他人利益的前提下，才能去追求自身的合法权益，而绝不能够为了满足一己私利而损害他人的合法权益。每一个网络主体都要做到利己与利他的有机结合。网络社会是一个开放、自由、虚拟的世界，每个网民都可以在网络社会里，尽情地、充分地展示理想的自我、表达自己的思想，但网络的这种开放与自由，是建立在互惠互利的基础上的，这种互惠互利的原则正是网络伦理规范所倡导的价值观之一。因此，每个网民在开展网上活动时，都要坚持利己与利他的有机结合。

（4）相互尊重的原则

不管网络如何技术化、如何虚拟化、如何发展，网络的主体始终是人，人是网络的核心和主导，技术、电脑机器始终是为人而服务的。人际交往中的相互尊重是反映社会文明社会发展的重要标志之一。网络技术作为新时代高科技产物，作为人类文明发展的产物，同样需要人与人之间的相互尊重，相互理解，不侵犯他人的隐私权和知识产权，不得使用攻击性语言，不得谩骂对方。这也是对中国儒家文化的优良传统的合理继承与弘扬。

（5）节制无害的原则

节制无害原则，要求每一个网民在网络空间中的言行都有一定的节制，不能自由过度，不能为了私欲而自由随意地行事。这一原则承继于亚里士多德的节制观点和适度观点，同时，也是我国传统文化中提出的"有度"理念的彰显，对规范当前网络失范现象具有非常重要的借鉴意义。

6.1　国家层面的治理

6.1.1　政府的传统管理职能与时俱进

对于网络空间伦理秩序的管控与伦理规范的建设，参照国际标准和其他国家的实践成果至关重要，而归根结底必须结合本国实践来进行。根据 2018 年 1 月中国互联网络信息中心正式公布的《第41 次中国互联网络发展状况统计报告》数据显示，截至 2017 年 12 月底，中国大陆手机网民规模达到 7.53 亿，网民中使用手机上网占比由 2016 年底的 95.1% 提高到 97.5%。从网民发展速度与规模来看，中国已经是全球最大的网络国家，但总体来看，还算不上是"网络强国"。作为全球网络第一大国，网络空间治理要上一个新的台阶，做到有效地维护网络空间的清朗亟须站在战略的高度，依法进行综合治理，科学规范和调控发展。必须始终保持头脑清醒，立足社会主义初级阶段这个最大的实际，科学分析我国全面参与经济全球化的新机遇新挑战，全面认识信息化深入发展的新形势新任务，进一步强化信息化、法制化建设。

针对中国网络空间的现状和内外部环境，网络空间伦理失范治理，不仅是为了满足网络社会自身发展的需求，更重要的是为了在全球网络竞争博弈中获得更多利益，满足我国社会经济发展和提高国家综合实力的需要。所以，在制定我国网络空间伦理失范治理应对策略时应该遵循客观规律，学习借鉴国外的成功经验。结合我国的国情，制定既符合国际通行规则，又具备中国特色的网络空间伦理失范治理战略，构建有中国特色的网络空间伦理道德规范新体系。

一方面，我国应尽快确立自己的政策方向，扶持有自主知识产权的国内信息安全技术产品、操作系统、数据库等研发，不断提高自主知识产权的硬实力；增强对国家信息基础设施和重点信息资源的安全保障能力建设，开发可以保护国家主要党政机关和企事业单位网络设施的网络空间安全体系，逐渐在制度上和技术上完善网络信息安全建设，有效应对网络空间自由与开放带来的安全方面的威胁和挑战。

另一方面，应该紧紧抓住网络的优势和特点，大力发展我国网络领域的软实力，抢占网络空间舆论阵地，打造良好的网络传播生态环境。应与国家提倡的社会主义核心价值观的宣传与倡导进行有机的结合，以其作为方针，将"自由、平等、公正、法治"作为网络传播生态环境建设的主旨，"富强、民主、文明、和谐"作为对外宣传大国形象时坚持的主旨，一言以蔽之，良好的网络传播生态环境的建设应纳入社会文明建设中。

6.1.2 综合性监管队伍建设迫在眉睫

作为依托手机客户端而存在的社交媒体工具，手机的移动化特征让微信的传播内容呈现与其他媒介不同的特点：即时性交流让信息传播发布的门槛降低，拥有一部智能手机则意味着拥有一个可以随时发布的讲台，因为传播主体的多元化，则内容的包罗万象不言而喻；传播语境与以往的大众传播截然不同，"沉默的螺旋"作用弱化，多元化意见向分众化、碎片化方向发展；传播结构趋向于复杂，特别是大面积的信息互动已经把原来简单的线性传播或者相对复杂的树状传播变为网状传播结构，且不断呈现几何状无穷尽的裂变，传受一体已经凸显；多种即时交流方式融合，集文字、音像、视频、表情包、语音甚至短视频于一体，以点对点、点对面的方式实现，整体呈现碎片化的语境；同样，微信传播过程中信息本身碎片化特征明显，这就限制了某些复杂和有深度的内容的传播，而那些容易引发大众话语狂欢、极端情绪发泄、盲目跟风谣传偏听偏信的信息以碎片化的形式迅速扩散。纵观微信传播整个过程，微信传播内容与传播形式这二者相互依存，缺一不可。其辩证关系在于内容决定形式，形式表现内容。在全媒体时代，微信传播的最终效果依然与马克思主义新闻观所强调的"内容为王"紧密相连。

　　微信传播文本的语言使用应该更为简洁生动。文本语言的选用关系到传播成功与否，在不同的媒介平台人们往往根据其特性来选择合适的文本语言。比如电视媒体，因其可以音频、视频同时传输，所以较为简单的说明性、叙事性语言辅助受众理解即可。再比如纸质媒体报纸、杂志等，大多选用较为正式严肃的语言，适合深度阅读与反复理解。而在自媒体时代，以微信为代表的新型信息发布平台则使用更多的是碎片化语言。一方面，因为微信本身对于发送图片、字数有所限制，后来虽然放宽了字数的限制，但朋友圈的图片发送依然保持九宫格的单次上传上限。另一方面，移动终端屏幕尽管出现了大屏的噱头，但和真正的 PC 端相比小巫见大巫，更何况是宽屏时代的电视显示器。这就决定了人们不会花太多的时间去阅读长篇大论，而且海量的信息远远超过了人们可以承载的信息上限，所以微信传播过程中语言只能尽可能简洁生动，才能在短时间内完成传受过程，吸引受众的兴趣和注意力。这也就解释了为什么很多人刷了一个小时的朋友圈，很难记得自己曾经浏览了什么，因为整个接收的过程没有消化理解的深度接受环节。更有甚者，许多微信公众平台为了适应微信传播主体年轻化的实际，同时也是为了迎合大众对新、奇事物追求的需求，或者选用耸人听闻的标题，或者在标题上加入"性腥星"元素作为噱头博人眼球，但实际上是纯粹的虚假信息，或者直接就在自己推送的微信公众平台或者其他内容方面加入了虚假、色情、暴力等各种各样的信息。这些信息以碎片化形式在网络社会中找到了生存土壤，一方面因为虚拟的网络生活比现实的社会生活有更大的自由度、更强的开放性与更大的包容度。另一方面还在于传播文本自身具有适合在网络空间渗透的特征。鉴于不能用传统社会通行的是非善恶的道德评判标准在网络空间搞"一刀切"，而实施监控与治理，就应该提倡符合人类的价值取向，特别是符合社会主义核心价值观的信息，能够采用简洁生动的形式扩大传播范围和增强传播效果。

微信传播内容的叙事方式应该更鲜活多样。特别是微信公众号、政务微信，在集合了传统媒介的优势后，可以融文字、视频、音频、图片为一体进行全方位传播，并且实现及时互动。比如在每年的"两会"期间，利用视频直播、数据可视化等多种形式增强传播的时效性。同时，也对不同形态的传播介质提出有区别的甄选要求和标准，图片类与视频类信息的发布和监管就要和文字类信息相区别，这一方面需要技术手段的更新升级，更重要的是发布者要在传播内容把关上发挥关键作用，也要在传播内容的叙事方式上开动脑筋。

微信传播内容的主体要发挥两个"场域"发声的交互性。人们往往习惯性地将网络空间定义为虚拟空间，实际上网络空间已经和现实生活产生了千丝万缕、难以割舍的联动关系。仅从年度热点舆论事件就可以看出，人们在现实社会中面临困惑、不满、矛盾，在有匿名性、延展性、包容性的网络空间里，很容易形成有共同目标的网络群体，例如席卷美国一年之久的"占领运动"。这些都充分说明了现实和网络两个场域的主体身份是重合的，尽管不是百分之百地重合。因此网络传播内容建设离不开现实社会的影响、引导、规范。因而我们会发现在网络传播中意见领袖依然存在，掌握网络话语权的主体与现实社会话语权分配紧密相连，规范良好的网络传播环境，就需要培育打造亲民、可靠、有公信力的内容叙述主体。比如"上海发布"政务微信、"人民日报"公众号传播信息过程中不回避敏感话题，在日常信息传播中以时效性表达对社会热点焦点难点的关照，以迅速客观的发声发挥舆论引导作用，切实让真实与虚拟双重身份的交互性发挥良性正向作用。

微信传播作为一个系统的工程涵盖从内容生产到信息流动消费

再到反馈影响的各个环节，只有当每个环节都处在有序的运行状态之中，没有出现某个环节运行方面的错误，才能确保全流程下的有序规范。否则，就会对整个系统的良性运行产生毁灭性的后果。

剖析微信的生态系统，可以看到，其基本上依赖于用户（市场1）和公众号（市场2）两个互相影响的市场，两个市场的划分可以更好地将不同层次的信息在架构上区分开来：日常生活、工作、交友、学习的聊天信息通过一对一或群组发出，个人感受或动态通过朋友圈传达，而更具有阅读性、参考性、信息价值性的文字则通过放到公众号栏目——对公众号来说，这就意味着生产与消费是分隔开来的。这也是微信和微博这类内容混合型社交媒体明显的区别之处。建议设立，事实上很多微信公众号也有自己的后台投诉机制，但是微信无法一一去审核数以万计的公号是否存在未经许可转载或侵权的行为。因此，更多的是认同理论界提出来用更便利的技术措施管理和影响资源生产，从各环节的管理创新上规避失范问题的发生。现在已经开始尝试去做的有增加"原创"标识功能，即一旦内容生产者在发布之前选择了"原创"类别，那么后台识别过程中可以自动将文章纳入腾讯原创的数据库，而其他公众号在发布类似文章时，一旦超过了一定的相似度就无法发布，那么就从源头上解决了知识产权的保护问题。所有转载需要经过原创生产者或拥有发布权的使用者的授权，强制上的保护对象就可以从数以万计的公众号文章聚焦于腾讯原创数据库，扎牢数据库笼子的出口，就能够起到"一夫当关"的控制作用。

同时还要考虑微信设立的最初目标绝对不是完全阻止传播和转

发，而是要建立一整套在微信体系内的有序免费传播规则。也就是说，市场2的繁荣程度归根结底是要依赖于市场1。所以微信实际上是鼓励用户在自己的朋友圈分享公号文章，通过持续刷屏让原创公众号获得最大垄断性受益。这就是微信在技术架构上区分为需要复制许可的传播（转载）和无须复制许可的传播（转发），有效区别这两类行为是微信成功的关键。所以，单纯的"一刀切"代码设计去保护原创作品和首发权，就会产生很多预料不到的情况，增加个人和社会成本。比如允许著作权人控制作品排他使用时间过长，会增加社会和其他个体使用该作品的成本，潜在地影响创新，因此建议建立某些法定许可和合理使用的制度，来保障著作权人短期的垄断权。因为微信作品生命周期一般较短，通过架构维护首发权对作者真实收益好处不大，内容生产者可能更希望在尊重署名权的前提下得到广泛转载。因此，建议通过技术措施来找到一种平衡机制，并且辅助以公号之间相互协商，在不降低市场2有质量的内容供给的前提下，对部分竞争者原创公众号可以考虑开出白名单或黑名单的形式来实现对原创知识产权的保护。

同时，创新微信传播的环节管理可以在通过技术措施保护署名权的基础上，在内容生产者首发时增加"任意转载"选项，并置于突出位置提醒，来增加市场2上的供给和竞争。主要目的就是允许公号转载该文章，但转载者不能任意标注自己是原创。这就实现了微信的自由转载规范传播，在提升交流空间的同时，这一机制上的创新也就类似于将真实的控制权还给作者，通过技术手段创新微信传播中的若干环节，在强有力的保护社会道德规范落实的基础上，也是对学术圈自制能力、网络用户内容生产自主性的支持。

按照现代管理理论，网络治理的主体既要有政府机构又要有非政府组织，同时要充分发挥基层网民的主体性作用。因此，政府管理理念转化的重点应着眼于对网民管理主体地位的再认识。如今，网民利益需求愈加多样化发挥其推动性建设性作用，就必须由"管"到"治"，一字之变实则是对传统理念的颠覆与改造。在这一过程中，各地各级政府必须进行"自我革命"，变革旧式的思想理念，冲破既得利益集团的阻碍，打造更加公平合理的虚拟网络利益再分配格局，使公正廉洁得以重塑，网络治理更加充满生机与活力。从"湖北模式"的全国多点开花到深圳"智慧宝安"引来的网民一片点赞，特别是上海市政府官方微信公众号"上海发布"，自2013年6月8日正式投入运行以来，其前台运营表现优秀，从用户的视角出发，来进行功能板块的开发和账号的设计，如界面的便捷化和人性化。在信息发布上，"上海发布"凭借权威准确、贴近民生、丰富全面的发布内容和人性化、易解读、迅捷性的发布形式，保障了社会公众的知情权，更重要的是其持续稳定地推送有价值的信息，在沟通政府和民众这一点上找到了突破口。根据2015年度中国微信500强的评选，"上海发布"位居排行榜第67位，政务微信榜的第2位，仅次于中组部的微信公众号。截至2016年12月6日，上海发布的微信粉丝超过260万，日均阅读量超过80万次，遥遥领先于其他地方，成为全国政务新媒体的标杆。同样值得关注的还有武汉交警微信平台，因为囊括了18种微信车驾管理业务功能，拥有60万驾驶员的关注，5万司机通过手机微信缴纳交通违法罚款，70%的处理交通事故通过微信平台来处理，更值得称赞的是在武汉2016年洪涝期间，该微信平台为市民提供快速查询积水路段的服务——积水地图，如果市民们发现哪里有新的积水路段，还可以实时在服务公众号上报，提高了救灾部门之间的信息互通和应急处理效率，也为微信传播管理提供了创新的思路。从政府管理的角度看，网络传播伦理建设需要的一切变革的出发点在于对网民主体地位的塑造与确认上，真正让一切促进网络治理的源泉得以充分涌流，就应培养网民共享式的利益观，摆正政绩导向，突出执政为民的务实理念。在为广大网民提供公共物品与优质服务的同时，注重加强对普通网民的思想道德、科学文化方面的教育与培训，切实做到"主体是民、权利在民、变革为民"，并内化为自觉的管理行动。

6.1.3　规范网络安全的法律法规的制定与实施

不断建立健全网络立法。网络社会是对现实社会的延伸和反映，所以二者都要接受法律的管制和道德的规范。对于网络社会中出现伦理失范问题，例如网络造谣、网络诈骗、网络不良信息传播等失范行为和网络违法犯罪行为，必须要通过法律途径来规范和治理。近几年，我国先后出台了许多关于计算机使用规则和网络信息安全保护的法律法规，目前我国已出台的相关法规有：《计算机网络国际联网安全保护管理办法》以及《互联网信息服务管理办法》等相关的法律，规定对散布谣言、故意扰乱社会的秩序以及对社会的稳定性进行破坏的行为都要受到法律的制裁。括地方也出台了相关规定，例如北京市工商局就出台了《关于对利用电子邮件发送商业信息的行为进行规范的通告》，规定：不得利用电子邮件诋毁他人商业信誉；不得利用电子邮件进行虚假宣传；未经收件人同意不得擅自发送电子邮件等。

网络立法是规范网络伦理失范行为办法中一个最有力的措施。《中华人民共和国网络安全法》是为保障网络安全，维护网络空间主权和国家安全、社会公共利益，保护公民、法人和其他组织的合法权益，促进经济社会信息化健康发展而制定的。由全国人民代表大会常务委员会于2016年11月7日发布，自2017年6月1日起施行。从此我国网络安全工作有了基础性的法律框架，有了网络安全的"基本法"。作为"基本法"，其解决了以下几个问题：一是明确了部门、企业、社会组织和个人的权利、义务和责任；二是规定了国家网络安全工作的基本原则、主要任务和重大指导思想、理念；三是将成熟的政策规定和措施上升为法律，为政府部门的工作提供了法律依据，体现了依法行政、依法治国要求；四是建立了国家网络安全的一系列基本制度；这些基本制度具有全局性、基础性特点，是推动工作、夯实能力、防范重大风险所必需的。《中华人民共和国网络安全法》的制定和实施，标志着我国政府对网络安全的高度重视。

2017年5月2日，国家网信办颁布《网络产品和服务安全审查办法（试行）》，明确关系国家安全的网络和信息系统采购的重要网络产品和服务应当经过网络安全审查，重点审查其安全性、可控性，该办法于6月1日起实施。同一天实施的还有《互联网新闻信息服务管理规定》，明确了互联网新闻信息服务的许可、隐匿性、监督检查、法律责任等，并将各类新媒体纳入管理范畴。《规定》提出，通过互联网站、应用程序、论坛、博客、微博客、公众账号、即时通信工具、网络直播等形式向社会公众提供互联网新闻信息服务，应当取得许可，禁止未经许可或者超越许可开展互联网新闻信息服务活动的，责令停止相关活动并处以罚款。同天公布的还有《互联网信息内容管理行政执法程序规定》，该规定旨在规范和保障互联网信息内容管理部门旅行行政执法职责，正确实施行政处罚，保护公民、法人和其他组织的合法权益，促进互联网信息服务健康有序发展。2017 年 5 月 22 日，国家网信办公布《互联网新闻信息服务许可管理实施细则》，对互联网新闻信息服务的许可条件、申请材料、安全评估，许可受理、审核、决定，监督管理要求等做出要求。

不断地推进网络传播伦理建设的法制保障。新一代网络信息技术发展使网络空间与现实世界融合日益加深，以法治思维治理网络空间成为关系各国国家安全、经济发展和社会治理的核心议题。发挥现代法治的力量，让法律和舆论协同配合，重振传统道德规范对网络社会的影响力，以法律的强制性和道德的价值认同共同规范和促进网络传播伦理的良性发展，是我国目前法制化进程和网络治理共同需要面对的问题。

从更宏大的视角出发，聚焦数字经济的网络犯罪产业化、发展态势的白热化，网络勒索、网络诈骗、网络暴力等失范问题频频出现并持续升级，用户个人信息、企业商业信息遭遇泄露的高风险，侵犯隐私权事件呈现隐性化发案趋势。与之相对应的是全球网络空间治理体系的新一轮变革，各主要国家围绕网络空间秩序和安全的重大政策、法律法规相继出台落地。2016年7月，欧盟正式批准了欧美间数据条约"隐私盾"协议，取代原有的"避风港"协议，将为跨大西洋两岸的数据传输中个人隐私保护提供新的规范。欧盟对数据跨境流动的监管不仅仅是出于保护欧盟公民的个人数据和隐私权益，也是欧盟在数字经济发展、产业能力构建和政治外交博弈中的映射。而美国法院判决FBI的搜查令不具有域外效力也给了跨国的互联网公司一定程度的法律确定性：在一个国家运营，只需要遵守一个国家的法律，且这个法律不应该产生域外效力，这种数据本地化的强化不仅仅是美国政府执法权的范围问题，也关系到各个国家网络空间自主权问题。2016年11月7日，中国《网络安全法》获得通过，这是我国第一部关于网络安全的基础性法律。其明确了网络空间主权的原则，网络产品和服务提供者的安全义务和网络运营者的安全义务，完善了个人信息保护规则，建立了关键信息基础设施安全保护制度，确立了关键信息基础设施重要数据跨境传输的规则。该法律的出台对于保护网络主体合法权益，保障网络信息依法、有序、自由流动，最终实现以安全促发展具有重要意义。同年12月27日，国家互联网信息办公室发布《国家网络安全战略》，标志着我国国家网络强国顶层设计的基本完备，宣告了我国政府将以更加开放和自信的态度推动网络强国建设和网络空间治理。其中就明确了实现建设网络强国的战略目标，确定了尊重维护网络空间主权、和平利用网络空间、依法治理网络空间、统筹网络安全与发展的四大原则。该战略的出台和法律法规、组织建设一起共同构成了我国网络强国的制度性支柱，体现了网络空间治理在开放和透明方面的需求战略是顶层设计，法律是制度保障，有了法律制度的保驾护航，依靠企业和社会力量，才能重拾对道德规范体系的自信和敬畏，重塑道德规范对于社会的影响力，形成法治建设和道德伦理建设的良性互动，社会道德特别是网络社会伦理道德建设才能迈上新台阶。

在当前的网络传播伦理建设实践中，被忽略的一个环节是事后评估。政策、法规的出台，治理效果如何，网民是否满意，后续如何改进等，只能通过反馈评估来体现。建议在网络传播伦理建设过程中，对于相应政策法规和法律的评估，应适当弱化各地各级政府评估所占的比重，引入各类利益组织、基层网民、地方企业等多元化主体多方联合评估，科学合理地设置评估指标体系，多渠道汇总，反复比较，最终形成适合我国目前网络空间治理实际情况的网络传播伦理建设评估体系，这将是下一步需补齐的短板。

但法律只有通过正确的落实和强有力的惩治力度才能真正地对公民的失范言行起到约束和威慑作用。所以如果网络立法只停留于书面上，而没有相应的落实方式和执行力度，那么网络立法只会沦为一纸空文，形同虚设。当前的重要问题是对法律的实施落实，健全网络执法队伍、加大网络执法力度尤其重要。

6.2　社会层面的治理

互联网是在 1994 年的时候引进我国的，在 20 余年的发展过程中，我国还没有针对网络上的伦理道德的规范建立出完善的规章制度，以此来约束人民的行为。伴随着互联网发展的速度越来越快，人们在日常的工作、学习和生活中也越来越依赖网络，需要建立完善的网络伦理道德规范的体系，对网民的行为进行约束，让网民可以依据道德规范体系的原则正确的处理在使用网络中所遇到的各种新的关系，不断地对网络社会传播秩序进行优化。

6.2.1　夯实网络传播伦理共识的社会基础

网络伦理道德规范体系是人们在使用网络的过程中必须遵循的道德体系，对此体系进行不断完善需要长期的过程。目前传统的道德规范体系和网络社会中的传播行为以及需求存在着一定的差距，不能精准地规范、有效地约束人们在虚拟的网络世界中的言行。构建网络传播伦理道德规范体系应该遵循几个基本思路：

第一，坚持社会主义意识形态的指导，采取积极的安全的发展对策。

互联网是一把双刃剑，一方面需要正视网络中各种价值观在孕育、生长、发展过程中出现的一些消极现象，另一方面更需要认识到网络是最大众、最开放、最自由、最活跃，也最具包容性的领域。充分扬长避短就要求：一是以先进技术传播先进文化，用先进的、丰富的、富有吸引力的文化来占领这个网络的阵地，努力营造一个文明、健康的，积极向上的网络文化氛围，营造共建共享的精神家园。二是着力推进网络文化内容的建设。通过政策创造条件，调动广大文化工作者的积极性，推动我国优秀文化产品的数字化、网络化，提高网络文化产品的服务和共进的能力。要坚持网络公益事业和文化产业两手抓；要积极整合文化领域现有的网络文化资源，发挥公共文化机构的文化信息共享的作用，构建公共文化服务的网络平台；要鼓励各类社会资本投入网络文化产业，开发具有自主知识产权的网络文化产品，创新服务方式；要扶持一批拥有优秀的网络文化内容的网站，精心制作网络文化产品。只有健康有益的文化产品丰富了，才能够有效地挤压有不良影响的内容。三是加强网络文化内容生产与传播的监管。加大对知识产权的保护，强化各大网站和自媒体平台对自身数据库及转发链接过程中对原创的保护意识。

第二，制定网络传播安全保障体系的战略规划。

该规划应尽早提上日程，网络文化内容的无障碍传播给我国传播伦理建设带来了严峻的新的安全问题和挑战。当前的相关实践及其研究存在着一定程度的主观性与盲目性，若想多做战略上的思考，并使我国网络传播安全保障体系进入程序化、科学化轨道，破除各自为战、忽略长效的局面，战略规划就十分有意义，需要实践者、学者和管理者共同探索，在探索成熟之后由政府相应的管理部门正式确立。具体而言，战略规划应该包括：分析当前我国网络传播安全的国内外环境与现状；评估我国网络传播安全问题的优势、劣势与机会、威胁；明确网络传播安全保障的目标与宗旨，并设置中期、短期的任务规划时间表；提出我国网络传播安全的（政府管理）体制管理边界，明确具体管理职能的承担部门，形成科学有效的系统整合与联动，合理进行组织分工与合作，形成科学有序的管理局面；设立专项基金与部门促进政府与各界的交流与合作；汇总提升我国网络传播安全保障体系建设及应对水平与能力的可行策略、方式与主要手段；探索建立我国网络传播安全机制的科学绩效测量与评估指标体系。上述基本问题。应该是未来若干年内在网络传播安全机制建设框架下新的研究热点。

第三，建立公民媒介素养的培育机制

网络素养是属于媒介素养的一个方面，"媒介教育"也称为媒介素养教育，目前许多发达国家已经发展了比较系统的"媒介教育"的内容，并逐渐在中小学中实施融入课程的"媒介教育"和高中阶段的媒介研究媒介批评。联合国教科文组织从 1970 年以后就积极推动媒介素养教育的发展，做出了一系列积极的努力。在1999 年维也纳举行的一次会议上，33 个国家的代表呼吁在各个国家尽可能开展各种形式的全民的特别是对青少年的媒介素养教育。我国对网络传播过程中包含的比如网络游戏这样一些文化产品的评论和指导几乎是一个空白。亟须建立普及性的媒介素养教育机制，高度重视对青少年网络行为的引导教育，包括家庭教育、学校教育和社会教育。特别应重视学校教育，将"媒介教育"纳入教学体系和德育教育课程。站在建设公民思想道德教育体系的高度上来看，还应该高度重视整体社会氛围的营造，充分利用多种平台载体进行公益广告宣传，潜移默化地影响网民的行为，增加人们对自身行为约束的能力，提升公民整体的思想道德水平。

6.2.2　提升职业传播群体的综合素养

由于自媒体的进入门槛与传统媒体相比较低，"把关人"的角色在自媒体平台上有所缺失，自媒体新闻信息传播的内容纷繁复杂，有些人为了获得经济利益而任意散布虚假信息，这些乱象都在一定程度上降低了自媒体公信力。作为公信力的一种，媒体公信力是媒介的一种客观属性，是指在社会公共生活中，受众和新闻媒介机构在新闻传播活动中表现出的公开、公平、客观、正义、效率、人道、责任的相互作用力——信任力与责任力。因此，必须认清自媒体新闻传播的伦理价值，才能提升自媒体的公信力。

首先，自媒体时代是个"把关人"作用缺失的时代，这对自媒体平台上每个用户的自律提出了要求。显然，在繁杂的信息中，人们更愿意接收的是真实的信息，所以，只有自媒体用户当好自身的把关人，避免虚假信息的二次传播，才能保证信息的真实可靠，从而提升媒体的公信力。

其次，自媒体的长期可持续发展必须提高自身公信力。否则媒介的公信力缺失会成为限制自媒体发展的短板，实际上，无论对于传统媒体还是自媒体，媒介公信力对于维护媒介对用户的使用黏性、赢得受众的认可都是很关键的，也是自媒体在激烈竞争中的重要一环，因此重塑自媒体的媒介公信力至关重要。

　　微信的用户涵盖了社会各个阶层和职业，微信的迅猛发展也是个人、政府、科技通力合作的结果，个人在微信的研发中起到越来越重要的作用。作为一个平等交流的平台，身为传播者，人们在微信行为中也应该遵守理性参与、尊重他人、平等公正的原则。

　　第一是要遵守理性参与的原则。微信平台上的用户，特别是公众号运营方、微信群主在积极理性参与的同时，更应该自觉维护微信平台上的传播秩序，营造微信传播的良好环境。

　　第二是要遵守尊重他人的原则。只有微信平台的主体互相尊重，微信平台才有一个和谐的环境。在微信平台上，经常会出现微信公众号、传统媒体微信公众号管理者职业道德低下，为了获取利益，在微信平台上大肆传播他人隐私，互相攻击给其他用户带来极其恶劣的影响。学会尊重每个人的差异和别人自由的权利，对他人保持最基本的尊重，这是以微信为代表的网络传播秩序健康发展的基础。

　　第三是要坚持公正平等的准则。无论每个个体在现实生活中处在什么样的地位，在微信的平台上，每个用户都是平等的，无论是运营者还是参与者，只要是信息的传受双方，都要遵守相应的伦理准则，履行相应的义务。而微信本身应该本着对每个用户一视同仁的原则，保证任何一个微信用户受到公正的待遇。

　　网络空间传播生态的净化不能仅仅靠政府的监管而实现，它需要社会的共同参与。网络是一个没有中央控制的复杂适应系统，它生而自治，是一个自我协商、自我融合、自我发展的事物。网络自我优化归根结底在于社会全民素质的提高，社会各界人士和网民都应当去参与，相互监督、相互协商、共同进步。网络传播伦理规范体系的建设必须建立在全体公民的友好使用上。在我国，各种行业组织、企业、用户都应该是网络自律的主体，充分调动这些力量去维护网络这个公共空间，才能使网络传播秩序得到有序治理。

6.2.3 确立社会成员的理性网络技术观

"网络空间天朗气清，生态良好，符合人民利益。网络空间乌烟瘴气，生态恶化，不符合人民利益。"网络治理是国家治理和社会治理在网络空间中存在的特殊形态，反映的是网络技术变革和现实空间状况的一种融会贯通。因此网络空间治理决定要将网络技术作为重要参数加以认定和考量，以期发挥网络技术在网络安全治理过程中的积极作用，展现网络技术在现实空间表现的适应性需求。

第一，网络空间的治理要将网络技术作为重要参数加以考量。网络技术层面的治理"并非简单的对网络技术的控制，而是侧重于从网络技术的深层机理入手对网络政治安全问题展开分析并寻求相应的解决方案，强调的是对网络技术的充分利用以及对其积极价值的挖掘"。在网络社会面对的诸多矛盾中，我们首先要改变传统思维和惯性思维中与网络发展不相适应的意识观念，树立正确的时代网络技术观，并深刻认识到网络技术发展于国家网信事业的深远意义及重要影响。

第二，互联网下半场网络治理的最佳方案是"全场景"下社会公众的主动参与。互联网发展的下半场逻辑，是以内容网络、人际网络以及物联网络为基础性连接，以大数据、云计算为核心生产力，以区块链和人工智能为主导性生产关系，以人为本为社会经济基础和上层建筑的根本思想，构建的社会保障性基础设施和政治、经济、文化高地。互联网的上半场是以 BAT（百度、阿里巴巴、腾讯）为代表的"流量即权利说"，谁有用户谁就有话语权和生存空间；"而在互联网发展的"下半场"，基于'人文——科技的赋能'则会成为市场和社会发展的主旋律。"以 TMD（今日头条、美团、滴滴）为代表的互联网新三巨头也已经证明，谁是"场景"的主导者，谁就会是权力的附着者和价值变现的创造者。

智能化媒体的出现更能够洞察不同场景空间下用户的差异性需求和行为，并能够通过智能、精准的信息推荐为其服务。人工智能初级阶段用户群体的画像是基于对个性行为的"粗颗粒"分析，具有一定的局限性，而未来的用户画像将会呈现的是基于用户社交、购物、阅读等多场景、多空间的综合性数据建模，所构建的是 3D、立体型用户"塑像"。某种程度上，用户的清晰画像能够有效促进服务信息的精准投放，为社会公众下一阶段的参与表达提供了前提和基础。

网络治理范式需要更多社会群体组织的广泛参与和社会表达。大众传播时代，通常都是单向传播，"草根"受众往往参与度低，交互性差，体验感不佳。微信平台的出现颠覆了此项模式，但微信同样是以书写为主要表达方式的交互性媒体平台，内嵌着原本的经营逻辑，虽然理论上出现了"人人传播的时代"，但是多数群体仍以转发、点赞的看客角色出现。随着 5G 和人工智能的发展，社会公众可以更加全面地感受和享受科技成果的福利。竖屏时代加上人工智能促成的模板让更多普通用户参与其中，加速了社会信息的流动，更大程度上形成了社会成员的意见最大公约数。当网络治理更大程度上契合互联网发展的逻辑和特点的时候，我们可能迎来更加成熟、健全、完善的网络治理范式。

第三，5G 和 AI 发展助力网络治理走向尖端智能化。2019 年 1 月 10 日工信部宣布发放 5G 临时牌照，标志着中国正式迈入 5G 时代。由此，5G 时代已经从人们的议论和关切中实实在在地从幕后走上了台前。5G 的到来推动整个社会开启了一场全新的信息技术革命，5G 给予社会最大的变革就是将旧时人与人的连接方式转向了人与物和物与物的连接，构建了能够实现万物可连的智能世界，极大程度上推动了社会的发展和进步，为信息传递提供基础。同样，5G 所带来的高速率的信息传输也意味着视频可能会代替文字，成为未来社会的主流表达方式。4G 时代"轻快"型的微视频符合大众娱乐审美，虽一度风靡，却难成主流；随着 5G 的崛起，表达严谨、厚重的中长视频必然登场，成为社会关键逻辑表达的中心和主流。

此外，VR 和 AR 等新技术在微传播场域的适用加深了用户在信息传播过程中的"侵入感""现场感"体验，使用户在三维"现场"360 度沉浸其中。但在 2016 年初露锋芒后，由于技术基础架构的不完善，VR、AR 和 MR 归于沉寂。5G 时代或可成为此类技术的勃发期，一举成为时代最强的现象级产品。智能技术的发展和不断适用，表明用户对媒体的专业性要求不断升高。只有将新闻人的职业素养匹配以熟练运用新技术手段的能力，才能不断提升专业水准，以期直面未来互联网治理难题。

基于互联网平台媒体的发展，以算法推荐代替人工分发的内容分发比例仍在不断攀升。过去，人工终审把关的情形在如今的传播范式面前出现了改变，算法推荐是其迭代过程中的鲜明特征，其绕开了人工的终审的管理环节，并且让智能化推荐不可或缺。喻国明将信息的传播受众分解成为整体、群体和个体三个部分。在社会化的传播过程中，整体的部分更多的是社会共性需求的内容，而大众传播恰好善于处理这部分内容；互联网升级迭代后，用户发展需求差异化，智能化数据信息处理方式的出现更加匹配群体性和个体性的内容需求市场，使得长尾市场和利基市场在互联网时代得到巨大发展。实际上，"算法推荐技术的使用是为了解决互联网时代信息传播范式的超载危机。"然而如今我们所接触到的算法推荐的技术水平还处于弱人工智能的表达阶段，真正的人工智能的逻辑实际上还在构想和畅想当中，因而算法推荐技术某种程度上承担的是一种工具职能。因此，要从技术层面进行网络治理，首先要处理的是人与技术的矛盾，但传播权和使用权却掌握在"把关人"的手中，因而人与技术的矛盾实际上是掌握着新规则、新观念、新技术的人与传统权力掌控者的价值取向的博弈，所以从技术视角入手的网络治理，亟待解决的不是简单的人机矛盾，而是人与人之间的关系。

6.3 个人层面的治理

6.3.1 微传播主体话语权的被约束性

培养网民的道德意识，不断提升个体的网络道德素养。本节将从网民个体的诚信意识、责任意识以及自律意识等多方面来进行分析。

1）网民的诚信意识

诚信是做人的根本。古人认为"人无信不立"，这主要是说，不具有诚信品质的人是不能够在社会上立足的。现代的社会环境变得复杂，人和人在交往的时候更需要诚信。诚信是人们之间相互信任的基石，也是社会发展中不可缺少的美德，关系着每一个公民的利益。但是，在现在的社会中，诚信缺失在虚拟的网络世界中表现得尤为突出。有的人在经济上受到了损失，为了宣泄心中的不满，在网络传播肆意编造的消息，制造谣言；有些人为了些微的经济利益，可以在网络上假冒可怜人换取打赏和捐助，类似问题从表面上看是为了自己的利益，但是更深层次的是社会中诚信缺失的表现。网络社会是现实社会的映射和延伸，同时，网络社会也对现实社会有深刻的影响和能动作用。

2）增强网民的责任意识

在虚拟的网络世界中，人们可能没办法感受到现实社会中具体而微的道德约束力，通过网络平台有了很高的自由度，就觉得可以随意传播消息。甚至是忽视自己在社会中所具有的角色和身份地位束缚，进行任意交流。有的人甚至会在微信或者其他的社交平台上申请账号，使用虚假身份运营这些账号；有的人使用这些账号来发布虚假的信息，当账号出现问题后，就申请新的账号，却不为自己的不当行为负任何责任，对他人和对社会都造成了很大的伤害。

因此必须通过增强网络主体的责任意识，对网络空间进行净化。每一个公民在网络言论享有自由的权利。但是所谓的言论自由不是随意传播，不是不管不顾地去危害他人、集体以及国家的利益。这些自由是相对的自由，世界上没有绝对的自由。因此，网民在享受网络自由带来的方便的时候，还必须承担起相应的责任。公民要时刻牢记自己的身份不仅是一个网民，同时还是社会上的公民。面对没有经过核实确认的消息要谨慎，在转发之前，需要考虑清楚转发消息后会产生哪些影响。在传播消息时，不仅要做到不造谣，也要保证自己不传谣，不助力谣言的传播。在对网络上的信息进行分析时，面对很明显存在错误的信息要勇敢地指正。一些很难证实的信息需要通过政府或者是比较权威的媒体来核实，对于那些和自己的利益有冲突的信息更应该冷静地处理。

研究发现，微信上传播的很多信息只需要稍微进行分析就可以明确辨别真假。因此，公民在具有了责任意识之后，还需要提高对信息判断分析的能力，不断提升自身的文化素养。

3）促进网民的自律意识

在千变万化的网络世界中，每一个网民都可以通过微信、QQ

等平台来接收、发送大量的信息，和电脑、手机等终端显示器对面的人发生着各种各样的关系，交流的结果会在社会上产生或大或小的作用。在网络传播的过程中，当传统的或者现行的法律、道德规范不能产生重要的影响力的时候，就需要网民具有强烈的自律意识，要做到"慎独"，即一个人独处的时候，即使没有人监督，也能严格要求自己，自觉遵守道德准则，不做任何不道德的事。告诫人们做任何事情都需要有自己的道德和信念。将这一点置于网络传播环境下，就是不能因为网络是一个虚拟的世界，不能因为没有人知道自己是谁就随意发表言论，不能认为自己在这个空间中做坏事不能被别人发现就肆意妄为。要时刻保持着底线原则和自律原则，要能够抵抗住各个方面的诱惑。"慎独"还告诫网民在传播信息时，要注意细节，也就是必须还要做到"慎微"。如果长时间对自己放松要求，不拘小节，会慢慢地削弱自己的道德自律意识，从而出现严重的思想误区进而导致行为失范。因此，需要网民在网络实践的过程中充分发挥自身的主观能动性，用清楚的头脑积极主动、自主自愿地实践网络传播伦理道德规范。

不断地增加网民的道德修养，增强网民的网络认知，根本目的是要提高网民对网络道德规范的认知，并且按照这个认知来严格地要求自己，参照这个标准对自己的行为做出正确的评价。社会上的道德标准，只有在人们自己去亲身体验并且将这些标准转化为自身信念的时候，这些标准才会变成自身的财富。正确的道德认知是建立意识的首要条件，是人们行为的动力。对于个人而言，如果没有对道德进行判断的标准和一定的推理能力，就会影响在网络中的行为能力。网民需要对自己的道德标准时时进行更新，在变化万千的社会中做出正确的行为选择，对自己的行为要随时纠正偏差，始终保持正确的道德观。构建正确的网络伦理道德观需要很强的自律约束力，作为个体的网络使用者只有将外在的道德要求内化为自觉的行动，才能从根本上守住网络传播伦理失范的源头。

6.3.2　重视组织传播中的意见领袖

网络传播中的主体从数量上看是网民个体占据主要优势，但随着传统媒体的加速转型、与新媒体平台的对接和融合，媒体从业人员在网络社会的传播中、优势渐渐凸显。伴随着社会舆论引导的需要，新技术被了解掌握运用得愈发娴熟，这一优势会呈现上升趋势。关注网络媒体从业人员包括专业或职业的微信公众平台运营者的伦理素养建设，提升这一特殊群体的道德素养，发挥他们在网络传播中的把关人和意见领袖的功能，是规范健康有序的网络传播秩序应有之义和必经之路。在涂尔干关于失范理论的论述中，也强调了职业群体伦理建设的重要性。他认为在国家和个人之间存在着一个特殊层次就是职业群体和职业伦理，尽管社会分工可以通过功能依赖来形成一种社会系统达到自我调节和平衡的机制，但是仍然需要一种行为规范，目的是在某些程度上不允许个人按照自我意志随意行事。因此职业群体伦理的建设对于消除社会的失范状态、重新构建社会秩序、解决社会面临的多样化问题具有重要价值。

与其他产业相比较，互联网传播行业属于第三产业，能够带动更多的人就业，且因其自身清洁、环保、无污染等特点，更是受到了国家优惠政策的支持，如中国政府近年来力推的"互联网＋"政策，深刻地影响着国家产业结构的调整转型升级。网络传媒从业人数的增多，也给微信的运行与监管带来了许多新的麻烦与困境。一方面，人员自身构成复杂多样，学历结构分级化明显，地域来源多样化，职业体系内博弈规则不明晰，传播主体流动性大，而这些网络媒体从业者将网络传播行为作为自身生存、工作的方式。另一方面，从理论视角来看，这样的职业群体内部成员之间存在着相当程度的同质性，群体成员从中可以获得相互认同和沟通的关系纽带，同时对于团结互助也表现出极大的热情。

从前文所论述的提升修养的"六步骤"来看，网媒职业群体的内省包括：其一，反省自身职业本身。对新型的职业要有明确的定位，纳入传统的职业划分，受到应有的尊重。其二，反省职业的性质与目的。网络媒体也有营利性与非营利性，但都应切实加强对自身职业性质与功能的反思。特别是以微信公众平台运营者为代表的职业定位，应该更多呈现社会公益服务特征。尤其是政府微信、传统媒体的微信平台，其服务性应体现在服务整个行业发展大局、服务亿万网民的知情需求。只有从内心深处认可并接受了这种服务性的呼唤，才能找准自身的定位，知道有所为有所不为。

职业群体的克己更多体现在面对时时存在的诱惑，避免做出违背道德规范或者说职业伦理规范的行为上。只有约束好职业群体的传播行为，才有可能推己及人，扩大网络道德规范影响面，获得更大范围的更广义上的"传播者"的认同与支持。忠恕则要求职业群体忠于自己的职业，遵从职业要求与规范，还要以宽容的态度、极高的职业素养处理与各种各样网络交往对象的关系。特别是市场经济行为，牵扯到利益纠葛，要允许职业群体内良性竞争的存在，以竞争促提高，以压力促进步，在新的网络空间通过竞争促使网媒群体提高自己的产品质量、提升自己的服务水平，从而带动全行业更快的、可持续的发展。同时我们也要看到，网媒职业群体的慎独与现代管理学所倡导的自我管理有些类似，网络社会提供的巨大便捷已经使工作超越时空、地域的限制，传统意义上的半封闭式的工作区间被打破，独立开展工作成为常态和要求，这就要求媒体从业人员在日常的生产、销售、消费等环节中学会自我管理与约束。同时保持高度的职业敏感性，对传播内容和方式慎之又慎。由于身份要在两个空间实现自由切换，对于网媒这一职业群体来讲，做到虚拟的网络生活与现实生活的言行一致，根源于无违和地完成虚拟生活与现实生活的角色转换，否则角色转换上的冲突甚至失败，将直接决定行业从业人员行为上的失范和职业生涯的失败。

全民道德是全社会的共同理想和价值追求，是最高层次的道德。网媒职业群体本身也是治理网络传播伦理失范乱象强有力的力量，加强职业群体的伦理建设和道德修养除了对规范他们自身传播行为具有积极意义外，同时作为把关人，还对构建整个网络空间秩序的规范和稳定、维护网络传播有序良性发展起着重要作用。

6.3.3　微传播与大众传播的交互式管理

大众媒体利用"两微一端"探索媒体融合之路已经成为常态，但这些媒体微信公众号的质量良莠不齐，仍然存在内容、形式同质化的问题，只是将母媒体内容简单地编辑后搬运到其他平台，缺乏互联网思维和创新能力。由于微信相对封闭私密的互动方式，媒体微信公众号面对后台大量的留言与评论只看不回，难以及时处理，缺乏与用户的有效沟通。

部分优秀的微信公众号原创内容存在未经授权被转载甚至剽窃的现象，"新京报"微信公众号 2015 年 8 月 25 日发表《坚持原创！反侵权我们一直在路上》，列举了二十多条其他公众号未经授权转载"新京报"文章的侵权行为。原创内容维权难，缺乏相关法律法规的规范与保障，直接影响媒体的原创积极性。微传播的兴起对传统媒体既是挑战也是机遇，成败的关键在于能否运用互联网思维、准确掌握微信传播的特性、坚持以用户为中心、优化用户体验、建立有效的互动模式。在微传播时代，传统媒体微信号要继承发挥母媒体采编优势，坚持深耕内容、弘扬正确价值观、打通两个舆论场、引导理性思考。

中共中央网络安全和信息化领导小组办公室相继出台了"微信十条"（《即时通信工具公众信息服务发展管理暂行规定》）、"昵称十条"（《互联网用户账号名称管理规定》）等管理规定，并鼓励各级党政机关、企事业单位和各人民团体开设微信公众账号，服务经济社会发展，满足公众需求。微传播作为重要的传播力量愈加受到关注，相关法律法规必将趋于系统化、完善，使其有法可依。

附录1

微传播伦理失范行为研究的调查问卷

　　亲爱的同学：您好！感谢您在百忙之中填写本问卷。我是XXXXXX大学的博士研究生，本次调查是为了研究微信使用过程中的使用动因以及可能存在的网络传播失范行为，包括微信的信息内容、信息的来源、使用者主体和使用动机以及社会管理和网络制度等方面的内容，请根据您目前的实际情况填答，您的回答将对我们的研究结论具有至关重要的影响，非常感谢您的热情帮助。另外，本问卷采取不记名方式，不会涉及您的隐私信息，问卷数据及分析结果仅供学术使用，敬请放心，再次感谢您的鼎力支持。

　　1. 请问您的性别（　　　）

　　A. 男　　　　B. 女

　　2. 请问您的年龄（　　　）

　　A. ＜15 岁　　B. 15—20 岁　　C. 21—26 岁　　D. ＞27 岁

　　3. 请问您的教育情况为（　　　）

　　A. 初中及以下　　　　　　B. 高中

　　C. 本科　　　　　　　　　D. 硕士及以上

4. 您登录微信的时间段：

A. 8点—12点　　　　　　　B. 12点—18点

C. 18点—24点　　　　　　 D. 24点以后

E. 随时，只要有空

5. 请问您使用微信的经验（　　）

A. <1年　　　B. 1—2年　　　C. 2—3年　　　D. 3—4年

E. >4年

		问题	非常不同意	不同意	无意见	同意	非常同意
信息内容	1	我认为使用微信会严重暴露我的隐私信息					
	2	我认为微信传播的信息中有很多虚假信息					
	3	我认为通过微商买的东西是正品					
	4	我认为微信传播的信息中有很多低俗信息					
	5	我认为微信推广影响了我的正常工作					
	6	我有看过别人的微信隐私					
	7	我信任微信社交平台					

续表

		问题	非常不同意	不同意	无意见	同意	非常同意
信息内容	8	在微信社交平台中，用户可以自由地分享信息、观点					
	9	通过微信中共享的信息，我愿意与陌生人交流、向其请教问题					
信息来源	10	在微信社交平台，我认为权威人士的信息是有效且有用的					
	11	微信消息页面中具有运营商认证标识的用户所发布的信息，具有很高的可信度					
	12	微信消息页面中信息共享转发次数越多，该信息越具有很高的价值					
用户主体和使用动机	13	学生的网络道德的意识和道德需要强化					
	14	我不在微信上对他人进行人身攻击					
	15	我从来不看有关色情的公众号信息					
	16	微信是福还是祸，不在于网络本身，而在于人如何使用网络					

续表

	问题		非常不同意	不同意	无意见	同意	非常同意
用户主体和使用动机	17	我情绪低落时，我通过微信宣泄					
	18	在微信的虚拟世界里，别人干什么，我也干什么					
	19	我通过微信，可以做微商，赚到钱					
	20	我每天都必须使用微信					
	21	我认为网络世界，可以想干什么就干什么，没有所谓的道德和纪律					
	22	我知道微信上有些消息是不道德的、违法的，但是为了点击率，我也会传播					
	23	在日常生活中，为了引起大家的关注，我也会传播一些不真实的消息					
社会管理和网络制度	24	微信还有很多方面需要完善					
	25	政府号召的"网络文明工程"等一系列维护网上健康文明环境的政策措施，我觉得很好					

附录2

微传播伦理失范行为研究的调查问卷过程说明

本次问卷调查所针对的是西北工业大学附属中学、西安高新第一中学、西安铁一中学、西安交通大学附属中学以及陕西师范大学附属中学等五所学校的初中生和高中生。同时还对西安交通大学和陕西师范大学的大学生进行了调查。调查的时间主要是集中在2016年的5月—10月，除去节假日和暑期，在每所学校集中调查的时间为两周左右。

在纸质问卷填写的时候，采取随机抽样的方法向人群发放纸质问卷进行调查，包括在各个学校的教室、图书馆、食堂和其他公共场所等地点，同时为了提高发放和填写效率，还与部分班级的班主任、辅导员老师联系，通过班会、思想政治课的形式进行发放问卷，有效度更高。对没有做完全部选项和只选择同一个选项的问卷进行剔除，以此保证纸质问卷发放的有效性。在纸质问卷填写完成后，对填写人员进行实物奖励，对于参与问卷填写的同学都给予一个手帐笔记本，或者是创意书签、文创纸扇作为小礼物。

在学生网络问卷搜集的时候，将问卷发布到问卷星中，并将问卷的链接发布到微信、QQ中，采取滚雪球的方法邀请好友填写问卷，再由好友邀请他们的好友进行填写；另外，为了更多的人参与问卷的填写，笔者还将问卷链接发布到论坛、社区中，尽可能使更多的人填写问卷。为了保证网上填写问卷的有效性，在问卷星中对问卷设置了不允许同一个IP地址填写的选项，对问卷填写时间不够的问卷作为无效问卷处理（每题3秒，25题共75秒，规定少于75秒的问卷为无效问卷）。

在整个问卷中，包含人力和物力大概花费了0.8万元，其中购买礼品花费了0.35万元，为学生支付发放问卷的工作报酬为0.3万元，使用网络平台发放问卷、回收数据，进行数据整理，支付0.15万元。

问卷调查数据的基本来源如下：

附录表1 7所学校有效问卷调查对象性别的统计

学校名称	纸质问卷（份）			网络调查问卷（份）		
	男	女	合计	男	女	合计
西北工业大学附属中学	22	33	55	22	15	37
西安高新第一中学	17	38	55	33	20	53
西安铁一中学	20	23	43	24	18	42
西安交通大学附属中学	22	25	47	26	14	40
陕西师范大学附属中学	21	32	53	18	11	29
西安交通大学	43	110	153	107	64	171
陕西师范大学	52	77	129	60	44	104
总计	197	338	535	290	186	476

附录表2　7所学校有效问卷调查对象年级段的统计

学校名称	纸质问卷（份）					网络调查问卷（份）				
	初中及以下	高中	本科	硕士及以上	合计	初中及以下	高中	本科	硕士及以上	合计
西北工业大学附属中学	21	34	0	0	55	14	23	0	0	37
西安高新第一中学	18	37	0	0	55	17	36	0	0	53
西安铁一中学	15	28	0	0	43	11	31	0	0	42
西安交通大学附属中学	17	30	0	0	47	13	27	0	0	40
陕西师范大学附属中学	18	35	0	0	53	9	20	0	0	29
西安交通大学	0	0	98	55	153	0	0	137	34	171
陕西师范大学	0	0	80	49	129	0	0	83	21	104
总计	89	164	178	104	535	64	137	220	55	476